이보은의 한끼

손쉽게 뚝딱
이보은의 한끼

초판 발행 2018년 8월 20일
3쇄 발행 2021년 7월 15일

지은이 이보은 **펴낸곳** 크레파스북 **펴낸이** 장미옥

기획 · 정리 표수재 **디자인** 디자인크레파스 **사진** 오승현 · ROVE studio · 조혜원 · 황남수

출판등록 2017년 8월 23일 제2017-000292호
주소 서울시 마포구 성지길 25-11 오구빌딩 3층
전화 02-701-0633 **팩스** 02-717-2285 **이메일** crepas_book@naver.com
인스타그램 www.instagram.com/crepas_book
페이스북 www.facebook.com/crepasbook
네이버포스트 post.naver.com/crepas_book

ISBN 979-11-961828-8-5 13590 정가 15,800원
ⓒ 이보은, 2018

이 도서의 국립중앙도서관 출판예정도서목록(CIP)은 서지정보유통지원시스템 홈페이지(http://seoji.nl.go.kr)와
국가자료공동목록시스템(http://www.nl.go.kr/kolisnet)에서 이용하실 수 있습니다.(CIP제어번호: CIP2018024622)

손쉽게 뚝딱

이보은의
한끼

쉽고

정확하고

간결한

이보은의

한끼

보은!
우리의 건강을 책임져 주세요~
꼭, 報恩하리오리다♡

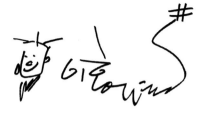

– 방송인 **이 홍 렬**

집에서 밥을 해먹으려면 하나부터 열까지 챙겨야 할 게 많아서 번거롭다고 생각
했어요. 그런데 이보은 선생님 레시피를 보니 그런 걱정이 필요 없을 정도로 간단
하더라고요. 오늘부터 부지런히 펼쳐보는 주방 필수 백과사전과 같은 책이겠지
요? 수고하셨습니다.

– 만물상 안방마님 **김 원 희**

요리의 진정한 맛을 만드는 보은누나의
인생의 맛남을 느껴보시죠!!!

– 기분좋은날 MC **김 한 석**

가끔은 집에서 연애하는 기분을 내고 싶을 때가 있잖아요. 그런데 외식하러 나가
기는 귀찮고, 집에서 뭔가 그럴 듯한 안주를 먹고 싶을 때 '딱!' 필요한 책이에요.
이보은 선생님의 노하우가 그득 담겼다니 앞으로 우리집 메뉴는 이 책으로 정했
습니다. 덕분에 식탁에서의 행복, 약속해도 되겠지요?

– KBS 무엇이든 물어보세요 아나운서 **한 상 권**

늘 정확하고 꼼꼼한 이보은 선생님 레시피! 누구나 따라해도 똑같은 맛을 낼 정도
로 정확하기 때문에 믿고 따라할 수 있어요. 실패 없는 레시피를 만나게 되어 정
말 기쁩니다.

– KBS 무엇이든 물어보세요 아나운서 **박 주 아**

처음 요리를 시작했을 때 이보은 선생님께 많은 조언을 들었어요. 매번 음식을 할 때마다 여쭤보기 죄송스러웠는데 이제 그 조언들이 요리책 하나로 엮여 있으니 너무 좋네요. 집밥의 최고를 맛볼 수 있어 기쁩니다.

– 탤런트, 영화배우 **이효춘**

이 보은 쌤 화이팅!!!

이보은 선생님의 요리는 한순간에 뚝딱 만들어지는 것 같은데 너무 맛있는 거예요. 이제 선생님의 노하우를 책으로 만날 수 있다니 정말 기대됩니다. 엄마 손맛을 저도 재현할 수 있겠지요?

– 방송인 **장영란**

♡ 장영란 남은 2020년2월
반가워~ 사랑해요 ♡

요즘 친구들 집들이를 가면 근처 레스토랑에서 식사를 하고 집에서 차만 한 잔 하는 경우가 많잖아요. 아무래도 집에서 음식을 만드는 게 부담스러우니까요. 그런데 간단하면서도 맛있게 먹을 수 있는 파티음식들이 소개되어 있어서 너무 좋네요. 친구들에게 솜씨 발휘를 해보는 기회, 꼬~옥 가져보겠습니다. 이보은 선생님 덕분에요! 책 만드시느라 너무 수고 많으셨습니다!!

– 가정의학과 전문의, 만성피로 스트레스 전문가 **이동환**

너무 수고 많으셨습니다!

아들이 뛰어다니기 시작하면서 주말만 되면 캠핑을 떠났는데요. 그때마다 삼겹살만 구워 먹었더니, 아들은 삼겹살이 지겹다며 캠핑이 싫다고 하네요. 이보은 선생님 요리책에는 밖에서도 간단하게 해먹을 수 있는 레시피들이 있어서 아들의 입맛까지 사로잡는 캠핑을 즐길 수 있게 됐어요. 캠핑에서의 한끼 기대합니다.

– 과학교육학 박사 **최은정**

보은쌤 최고!!

식구들 모두 잠들고 혼자 식탁에 앉아 맥주 한 잔을 하면서 하루 피로를 풀 때가 있죠? 그럴 때 나를 위한 안주 한 접시만 있으면 금상첨화죠. 주종별로 간단하고 맛있게 어울리는 요리들이 있어서 너무 좋네요. 나를 위한 맞춤 레시피라서 더욱 감사합니다.

– 아나운서 **김 일 중**

세상에서 한식을 가장 맛있게 먹고, 잘 만드는 요리연구가가 '이보은'이다. 음식을 잘 먹고 잘 만들기까지 하니 둘째가라면 서럽다. 그녀가 만들어주는 한끼가 책으로 나왔다. 삼시세끼 상상만 해도 즐겁다.

– 청춘俱樂部 **손 형 석** 대표

하루 종일 일에 치이고, 사람에 치이다 밤늦게 겨우겨우 집에 들어가면 정말 제대로 씻지도 못하고 잠들기 바쁘잖아요. 아침에 출근하려고 일어나면 내가 무엇 때문에 이렇게 살아야 하나, 라는 회의감이 들기도 하죠. 이럴 때 집밥을 먹으면 큰 힘을 얻는 것 같아요. 이제 이보은 선생님 집밥 레시피로 나를 위해 밥을 지어먹고 일주일을 견딜 수 있는 힘을 얻을 수 있겠어요.

– 명견만리 **이 태 경** PD

함께 방송을 하다보면 이보은 선생님 같은 엄마가 있었으면 좋겠다는 생각이 들었거든요. 이번 요리책 덕분에 집에서도 선생님의 손맛을 그대로 재현할 수 있다고 생각하니 뿌듯하네요. 가장 맛있는 한끼 기대합니다.

– 방송인 **전 효 실**

점심시간이 다가오면 가장 큰 고민이 있습니다. 모처럼 제시간에 퇴근하는 즐거운 시간에도 큰 고민이 생깁니다. 바로 '무엇을 먹을까'인데요. 먹기 위해 일하고, 먹기 위해 사는 것처럼 먹는 일은 정말 중요하니까요. 이보은 선생님 책을 보면 이런 '먹는 고민'을 한 번에 해결할 수 있어요. 오히려 '뭘 해먹을까'라는 새로운 고민이 생길 정도이지요. 집에서 맛있게 해먹을 요리를 상상하니 오늘 퇴근길 발걸음도 가볍습니다.

– 무엇이든 물어보세요 **나 둘 숙** 작가

*항상 감동이에요^^*
나 둘 숙 작가

음식의 맛도 예술이거니와 함께 먹는 시간도 예술이 되는 특별한 경험. 그러고보면 요리는 예술과 다르지 않다는 생각이 듭니다. 특별한 기억과 추억을 만든다는 점에서도요. 멋진 요리와 남다른 베풂으로 인생을 창작해가는 보은 언니! 언제라도 최고랍니다!

– 나라갤러리 **임 지 영** 관장

나라갤러리
*임 지 영 ^^*

이. 이 세상 요리를 막론하는
보. 보은 누나의 인생 요리
은. 은은하지만 강렬한 맛으로!
이보은의 한끼~ 강력 추천합니다.

– 한동하한의원 **한 동 하** 원장

한동하한의사

하늘의 별이 하나 하나가 선으로 연결되고 그 선이 모여 별자리의 이야기를 만드는 것처럼 이보은의 음식은 재료 하나하나가 모여 맛을 만들고 그 맛이 모여 하늘의 북두칠성처럼 이야기를 만들어 냅니다.

– 서울탑치과병원 **김 현 종** 원장

Kim Hyun Jong
서울탑치과 병원.

사랑과 그리움이 담긴
이보은의 한끼, 함께하실래요?

"우리 보은이는 참 사랑이 많은 사람이야."
"사랑 많은 사람이 진짜 맛있는 음식을 하는 법이지."

엄마처럼 모시는 성우 송도순 선생님께서 늘 제게 하시는 칭찬의 말씀이십니다.
곰곰이 그 말씀의 의미를 생각해보니, 정말 제가 저를 위해 음식을 하는 일은
일 년에 몇 번 없구나, 라는 것을 깨달았습니다.

음식은 내가 아닌 다른 사람을 위해 하는 일이 대부분이라
정성을 다하고 마음을 다하는 것이란 생각이 듭니다.
매일 매일 레시피를 개발하고 그 레시피를 바탕으로 새로운 음식을 만들고
그 음식에 대한 평가를 받는 일을 하면서 가장 큰 보람은
제가 만든 음식을 맛본 분들, 방송을 통해서 제 레시피를 만들어 본 분들,
제게 수업을 받았던 분들에게
"어쩜 이리 맛있어"라는 한마디를 듣는 것입니다.

가끔 맛에 그리움을 더할 때가 있습니다.

어렸을 때 친정 할머님이 한여름에 끓여주셨던,

애호박채 듬뿍 넣고 홍두깨로 밀어 만드신 콩가루 넣은 칼국수는

지금도 여름철 헛헛할 때 한그릇 먹고픈 생각이 듭니다.

긴 음식 촬영에 땀 한바가지 흘리고 나면 여름마다 꼬숩게 갈아 놓으셨다며

건네주시던 시어머님의 뽀얀 콩물의 달달한 한모금이 아주 간절합니다.

지금은 세상에 계시지 않는 두 분에 대한 그리움이 음식 맛에 묻어나는 거겠죠.

그래서 사랑과 그리움이 담긴 이보은의 한끼를 준비했습니다.

쉽고 간결하게 한상 차림을 만들 수 있는 한끼,

레시피 그대로 따라하기만 하면 마치 제가 차려놓은 한상에

동참하실 수 있는 한끼, 든든하고 즐거운 한끼가 되리라 믿습니다.

저와 함께 '한끼' 하실래요?

한여름 더위 끝즈음에,

쿡피아에서 **이보은** 드림.

2018. 8.

🥣 한그릇 이야기   020

한잔 이야기　　　　　　　　　　　254

이보은의 맛

이 보 은 의 첫 번 째 요 리 이 야 기

한그릇

콩나물 한그릇으로 맛보는

천원의 행복

500원으로 살만한 식재료가 있을까요?

요즘은 콩나물도 1,000원은 줘야 검은 봉지 반도 안 되게 주시던데요. 그래도

단돈 1,000원이면 근사한 반찬을 만들 수 있는 콩나물 이야기를 해볼까 합니다.

콩나물은 콩에 물을 계속 주면서 그늘에서 발아시킨 콩채소랍니다.

서민들에게 가장 사랑 받는 식재료라고 할 수 있지요.

전주 콩나물국밥, 콩나물국은 애주가들이 애정하는 해장국 중 하나이기도 합니다.

콩나물은 신선한 맛과 아삭거리는 식감 그리고 고소한 맛이 매력적인데

아스파라긴산, 비타민, 단백질 등 우리 몸에 유익한 성분들이 다량 함유되어

영양학적으로도 충분한 가치가 있습니다.

그래서 세상에서 가장 간편한 한그릇 메뉴로 알맞은 게 콩나물이 아닐까 생각합니다.

그리고 콩나물의 대표 반찬은 역시 콩나물국과 콩나물무침이지요.

하지만 여름철에는 쉽게 상할 수 있는 식재료라 장바구니에 담기를 꺼려하시는데요.

제가 여름철에 콩나물무침을 새콤하게 먹을 수 있도록 겨자를 이용해서

만들어 봤어요. 이름은 겨자콩나물무침이라고 지었고요.

아작아작 경쾌하게 씹히는 소리마저 즐거워서 크게 한 봉지 사왔던 콩나물을

한그릇 메뉴로 다 먹었답니다.

우선 콩나물 1,000원 어치를 삽니다.

저는 망원시장에서 샀는데 덤으로 조금 더 주셔서 700g 정도 되네요.

콩나물은 꼬리 부분의 순만 잘라내고 다듬으세요.

찜기에 쌀뜨물을 넣어 끓인 다음 준비한 콩나물을 찜통에 넣고 2분 정도 쪄 주세요.

삶는 것보다 찌는 것이 훨씬 탱글탱글해서 식감이 좋더라고요.

그리고 쌀뜨물에 쪄야 더욱 달고 맛이 좋아요.

콩나물을 모두 쪘다면 찬 얼음물에서 재빨리 헹궈 건져 물기를 뺍니다.

오이 1개는 얄팍하게 편 썰어서 곱게 채 썰어주세요.

밭에서 금방 딴 오이는 씨가 거의 없어서 돌려 깎지 않아도 됩니다.

게맛살은 크래미로 선택해서 결대로 찢어 줍니다.

청양고추는 반을 갈라 씨를 빼고 송송 잘게 썰어주고,

마늘은 2쪽 정도 곱게 채 썰었습니다.

겨자는 튜브 연겨자로 준비해서 큰 밥숟가락으로 한 개 정도 분량을 볼에 담고

간장 1큰술, 맛술 1큰술, 레몬식초 3큰술, 매실청 2큰술, 소금 1작은술을 잘 섞어

양념장을 만들어 놓습니다. 볼에 콩나물, 오이채, 게맛살, 청양고추, 마늘채를 담고

겨자소스를 넣어 버무립니다. 모자라는 간은 소금으로 더하고

마지막에 참기름 ½작은술과 깻가루 1큰술을 넣고 버무리면 완성입니다.

마지막에 넣은 참기름은 콩나물의 잡내를 없애주고 깻가루는 깨소금이 아닌

통깨를 빻아 놓은 것이라 더욱 고소한 맛이 난답니다.

자, 천원의 행복이 바로 겨자콩나물무침으로 나왔네요.

아작아작 새콤하게 씹히는 맛이 콩나물무침의 전통 맛보다 개운하고,

겨자를 넣어서 매콤하고 알싸한 맛이 입맛을 끌어올려주겠죠?

무엇보다 냉장고에 넣었다가 바로 다음날 먹어도 쉽게 상하지 않아

처음의 맛 그대로 느낄 수 있어 여름철 무침으론 최고가 아닌가 싶습니다.

어떠세요? 간편한 한그릇으로 해결하는 한끼

이제 도전해 볼까요??

세상 간편한 한그릇 요리

바쁜 일상에 제대로 챙겨먹기 힘든 직장인들이 많죠?

이럴 때는 한그릇으로도 충분한 한끼의 식사가 절실합니다.

간편하면서도 건강한 '한그릇 요리'를 만나볼까요?

새발나물 닭살무침
비빔밥

2인분

주재료	닭가슴살구이양념	무침양념장
새발나물 150g	맛술 2큰술	참기름 1큰술
닭가슴살 300g	간장 1큰술	깨소금 1큰술
양파 ⅓개	참기름 1작은술	간장 1큰술
쪽파 2개	후춧가루 약간	다진 마늘 1작은술
뜨거운 밥 2공기		소금 약간
식용유 약간		
소금, 식초 약간씩		

만들기

1 새발나물을 옅은 소금물에 씻은 뒤 얼음물에 넣는다. 얼음물에 식초를 몇 방울 떨어뜨리고 헹군 뒤 새발나물을 건져 물기를 턴다.

2 닭가슴살은 씻어서 흰 피막을 떼어내고 물에 헹군 뒤 건진다. 닭가슴살구이양념 재료를 한데 넣고 섞는다.

3 닭가슴살은 간이 잘 배도록 촘촘하게 칼집을 낸 다음 닭가슴살구이양념을 바르고 20분 정도 재운다.

4 양파는 아주 곱게 채 썰어 찬물에 헹궈 건지고 쪽파는 송송 잘게 썬다.

5 ③의 닭가슴살은 뜨겁게 달군 팬에 밑간한 양념까지 모두 부어 중간 불에서 굽는다. 이때 식용유를 굽는 중간에 약간 넣으면 닭가슴살이 타는 것을 방지하면서 노릇하게 구워낼 수 있다.

6 참기름, 깨소금, 간장, 다진 마늘, 소금을 섞어 무침양념장을 만든다.

7 구운 닭가슴살이 적당하게 식으면 굵게 찢어 볼에 담는다. 볼에 새발나물, 양파, 쪽파를 넣고 무침양념장으로 버무린다.

8 뜨거운 밥을 그릇에 나눠 담고 ⑦의 새발나물 닭살무침을 그득하게 올려 완성한다.

냉이미소샐러드 넣은
두부토스트

2인분

주재료	미소레몬소스
냉이 200g	미소(일본된장) 1½큰술
두부 1모	마요네즈 2큰술
달걀 2개	레몬즙 2큰술
소금 약간	꿀 1작은술
식용유 약간	
녹말가루 2큰술	

만들기

1 냉이는 겉잎의 누런 부분을 떼어내고 칼날로 잔뿌리를 긁어내 다듬는다.

2 냄비에 물 적당량을 붓고 소금과 식용유를 약간씩 넣는다. 물이 끓으면 다듬은 냉이를 살짝 데쳐낸 뒤 찬물에 헹군다. 냉이를 두 손으로 꾹 눌러 물기를 짜낸 다음 잘게 송송 썬다.

3 두부는 단면을 가로로 두툼하게 썰고 소금을 약간 뿌려 밑간한다.

4 달걀을 풀고 체에서 곱게 걸러내어 달걀옷을 만든다.

5 ③의 두부에 녹말가루를 뿌린 후 달걀옷을 흠씬 입힌다.

6 달군 팬에 기름을 조금 두르고 ⑤의 두부를 노릇노릇하게 부친다.

7 미소에 마요네즈를 잘 섞은 뒤 레몬즙과 꿀을 넣은 소스를 만들고, 데친 냉이를 넣어 버무린다.

8 ⑥의 달걀두부토스트에 ⑦의 냉이무침을 소복하게 올리고 두부를 덮어서 샌드를 만든다. 두부샌드를 반으로 썰어 접시에 담아 완성한다.

돌나물물김치소면

2인분

주재료	국물양념장
돌나물물김치 약간	돌나물물김치 국물 2컵
소면 300g	다시마 우린 물 1컵
참외 ½개	식초 2큰술
소금 약간	올리고당 2큰술
	국간장 1작은술

만들기

1 돌나물물김치는 새콤하게 익은 것으로 준비한다. 건지는 따로 건져놓고, 국물은 다른 양념장 재료와 한데 넣고 섞은 뒤 냉장고에 보관한다.

2 끓는 물에 소면을 부채꼴로 넣어 삶는다. 소면을 쫄깃하게 삶기 위해 물이 끓어오르면 물 ½컵을 붓고, 다시 물이 끓어오르면 물 ½컵을 부어 끓인다. 삶아진 소면은 체에 밭쳐 찬물에 두 번 정도 헹궈 전분을 제거한 뒤 1인분씩 사리지어 놓는다.

3 참외는 소금으로 껍질째 깨끗하게 씻고 세로로 반을 갈라 씨만 긁어낸 다음 얄팍하게 슬라이스 한다.

4 그릇에 소면을 담고 냉장고에 넣었던 국물양념장을 붓는다. 고명으로 돌나물물김치 건지와 슬라이스 한 참외를 올려 마무리한다.

새콤달콤한 돌나물물김치의 매력에 풍덩!

돌나물은 들이나 산기슭에 있는 돌에 살면서 번식력이 좋은 산나물인데요. 옛날부터 김치로 많이 만들어 먹었어요. 주로 봄철 물김치로 담그는데 연중 겉절이로 무침을 해먹어도 정말 맛있답니다. 지금은 비타민C와 인산이 풍부하고 새콤한 신맛이 있어 식욕을 촉진하는 건강식품으로 잘 알려져 있으니 꼭 챙겨드세요.

주재료

돌나물 350g
무 80g
쪽파 5대
마른 고추 3개
보리쌀 5큰술
생수 9컵
소금 약간

물김치양념장

보리죽 8컵
국간장 2큰술
참치액 1큰술
소금 2큰술
오미자청 2큰술
설탕 1큰술

만들기

1 돌나물은 체에 밭쳐 흐르는 물에 흔들어 씻은 뒤 물기를 턴다.

2 무는 나무젓가락 굵기, 4㎝ 길이로 채 썰고 쪽파는 1㎝ 길이로 썬다. 마른 고추는 잘게 부숴 놓는다.

3 생수 9컵을 넣은 냄비에 분쇄기로 갈은 보리쌀을 넣고 죽을 쑤어 8컵의 보리죽을 만든다. 완성한 보리죽은 차게 식힌다.

4 차게 식은 보리죽에 다른 물김치양념장 재료를 함께 섞는다. 이곳에 마른 고추, 쪽파, 무를 넣어 고루 섞은 뒤 소금으로 부족한 간을 맞춘다.

5 밀폐용기에 다듬은 돌나물을 담고 ④의 양념장을 부어서 하루 반나절 정도 익힌 뒤 냉장고에 넣는다.

돌미나리
수제햄구이무침

2인분	주재료	돌미나리양념
	돌미나리 200g	고춧가루 1큰술
	달걀 3개	간장 1큰술
	수제햄 200g	다진 파 1큰술
	소금 약간	다진 마늘 1작은술
	식초 약간	참기름 1큰술
	식용유 약간	깨소금 1큰술
	무염버터 1큰술	

만들기

1 돌미나리를 다듬어 씻은 뒤 잎과 줄기를 잘라낸다. 얼음물에 식초를 몇 방울 떨어뜨리고 손질한 돌미나리를 흔들어 씻은 뒤 건진다. 그래야 신선하게 아작이는 맛을 즐길 수 있다.

2 달걀은 체에 밭쳐 곱게 풀고 소금을 넣은 뒤 잘 섞어준다. 달궈진 팬에 식용유를 아주 살짝만 두르고 달걀지단을 두툼하게 부친 뒤 식혀준다.

3 식힌 달걀지단은 가로 4㎝, 세로 1㎝ 크기로 썬다.

4 수제햄은 얄팍하게 슬라이스 한다. 뜨겁게 달군 팬에 무염버터를 녹인 뒤 슬라이스 한 수제햄을 노릇하게 부쳐낸다.

5 돌미나리는 물기를 털어 볼에 담고 양념 재료를 분량대로 넣어 젓가락으로 골고루 무친다.

6 ⑤의 볼에 수제햄과 달걀지단을 넣고 버무린 다음 그릇에 담아낸다.

간단버전
불고기쌈밥

2인분

주재료

쇠고기(불고기) 200g
대파 ½개
팽이버섯 1봉지
상추 16장
깻잎 8장
만능맛간장 2½큰술
밥 2공기

만들기

1 쇠고기는 불고기감으로 준비해서 조금 작은 사이즈로 썬다.

2 대파는 곱게 채 썰고, 팽이버섯은 밑동을 자르고 씻은 뒤 2등분
   한다.

3 상추와 깻잎은 흐르는 물에 깨끗이 씻어 물기를 턴 후에 반으로
   자른다.

4 팬에 쇠고기와 대파, 팽이버섯을 넣고 만능맛간장을 뿌린 뒤 볶
   아내어 불고기를 만든다.

5 상추와 깻잎을 포개고 그 안에 밥을 적당하게 올린 후 불고기를
   얹고 쌈을 싸서 쌈밥을 완성한다.

039

간장이 들어가는 어떤 요리든 만능맛간장 하나면 OK!

우리나라의 조림, 볶음, 구이 요리에는 간장이 들어가는 경우가 참 많죠? 그런데 일일이 간장양념장을 만들어서 해먹는 건 너무 번거롭잖아요. 이럴 때 만능맛간장 하나만 있으면 요리가 정말 쉬워져요. 특히 고기와도 잘 어울리는데요. 닭다리살을 썰어서 표고버섯과 함께 만능맛간장에 버무려 전골로 끓이면 닭고기의 깊은 맛을 느낄 수 있고요. 만능맛간장에 새송이버섯과 갈비살을 함께 버무려 재운 뒤에 구워주면 고기와 버섯의 진한 풍미를 맛볼 수 있답니다. 아니면 구이나 부침개 등을 찍어먹는 간장소스로 활용해도 일품이에요.

주재료

사과 1개
양파 1개
마늘 5쪽
청양고추 2개
대추 5알
진간장 1컵
국간장 ½컵
멸치액젓 ¼컵
다시마 우린 물 1½컵
통후추 10알

만들기

1 사과는 껍질째 씻고 8등분한다.

2 양파는 껍질을 벗겨 씻은 뒤 8등분한다.

3 마늘과 청양고추는 잘게 채 썰어 준비한다.

4 대추는 돌려 깎아 채 썬다.

5 냄비에 사과와 양파, 마늘, 청양고추, 대추를 모두 넣고 진간장, 국간장, 멸치액젓, 다시마 우린 물을 부은 뒤 마지막에 통후추를 넣고 끓인다.

6 중간 불에서 20분, 약한 불에서 30분을 끓여내면 만능맛간장이 완성된다.

☑ 보관방법

만능맛간장은 열탕 소독한 병에 담아 20일 정도 냉장 보관하면 돼요. 만약 양이 많다면 중간에 한 번 더 끓여 식힌 후에 다시 냉장 보관하면 변질되지 않고 더 오래 두고 먹을 수 있어요.

으깬두부사천식덮밥

2인분

주재료	매운사천식양념장	
두부 ½모	고추기름 2큰술	통깨 약간
양파 ½개	마른 홍고추 1개	
마늘 3쪽	두반장 1큰술	
양송이버섯 3개	간장 1큰술	
대파 ½개	맛술 1큰술	
청양고추 1개	설탕 1큰술	
홍고추 1개	생수 ½컵	
뜨거운 밥 1공기	참기름 1작은술	

만들기

1 두부는 씻어서 숟가락으로 대강 으깬다.

2 양파는 사방 1㎝ 크기로 썰고, 마늘은 편 썰기하고, 양송이버섯은
갓 부분만 슬라이스 한다. 대파와 청양고추, 홍고추는 송송 잘게
썬다.

3 밑이 깊은 팬에 매운사천식양념장 재료 중 고추기름을 두르고 마
른 홍고추를 부셔 넣은 뒤 주재료 중 마늘, 대파, 양파를 먼저 넣
고 볶는다.

4 ③의 팬에 매운사천식양념장 재료 중 두반장, 간장, 맛술, 설탕을
넣고 주재료인 으깬 두부와 청양고추, 홍고추, 양송이버섯을 넣
어 볶다가 생수를 붓고 은근하게 끓이면서 볶는다.

5 그릇에 밥을 나눠 담은 뒤 ④의 으깬두부사천식소스를 듬뿍 끼얹
고 참기름과 통깨를 뿌려 낸다.

구운 삼겹살 마늘조림과 밥

2인분

주재료	마늘간장조림장
돼지고기(삼겹살) 3장	간장 3큰술
마늘 10쪽	청주 3큰술
꽈리고추 4개	맛술 3큰술
뜨거운 밥 2공기	무즙 5큰술
	물엿 2큰술

만들기

1 돼지고기는 두께 1㎝, 길이 15㎝ 정도로 두툼하게 썬 삼겹살로 준비한다. 팬에서 노릇하게 삼겹살을 구운 뒤 3㎝ 폭으로 썬다.

2 마늘은 반으로 가르고 꽈리고추는 어슷하게 3등분한다.

3 팬에 마늘간장조림장 재료를 모두 넣고 끓인다.

4 조림장이 끓어오르면 구운 삼겹살과 마늘, 꽈리고추를 넣고 간장색이 나도록 바싹 조린다.

5 접시에 뜨거운 밥을 동그랗게 퍼 담고 ④의 구운 삼겹살 마늘조림을 국물까지 얹어 낸다.

차돌박이향토무침

2인분

주재료	차돌박이향신채	향토무침장
차돌박이 300g	다시마 우린 물 2컵	된장 1½큰술
부추 50g	대파잎 2대	다진 마늘 1큰술
상추 6장	마른 홍고추 1개	다진 파 2큰술
깻잎 3장	맛술 3큰술	생수 2큰술
		꿀 1큰술
		참기름 1작은술

만들기

1 냄비에 다시마 우린 물을 붓고 대파잎, 마른 홍고추를 썰어서 넣고 끓인다. 물이 끓으면 맛술을 넣어 차돌박이향신채를 우선 완성한다.

2 ①의 냄비에 준비한 차돌박이를 한 장씩 데친 뒤 찬물에 헹궈 건진다.

3 부추는 다듬어서 씻고 3㎝ 길이로 썬다. 상추와 깻잎은 씻어서 물기를 털어낸 뒤 2㎝ 폭으로 썬다.

4 볼에 향토무침장 재료를 한데 넣고 잘 섞는다.

5 ④의 무침장에 데친 차돌박이와 부추, 상추, 깻잎을 넣고 버무려 그릇에 담아낸다.

이보은의
맛

맛술을 머금은 차돌박이는 연해요!

차돌박이를 차갑게 먹으면 딱딱해서 맛이 없을 것 같잖아요? 그런데 차돌박이를 부드럽게 해주면 차게 먹어도 충분히 맛있답니다. 차돌박이 자체를 부드럽게 익혀주려면 끓는 물에 맛술을 넣고 데치면 되는 데요. 맛술에서 나오는 아미노산 성분이 차돌박이의 육질을 연육시키기 때문에 맛이 한결 부드러워지는 거예요. 그래서 차돌박이가 식어도 딱딱하지 않고 연한 느낌이 유지되는 거죠.

한그릇

토마토포토프

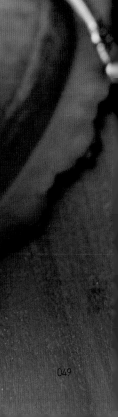

2인분

주재료	양념국물
토마토 2개	생수 5컵
수제소시지 3개	치킨스톡 2개
베이컨 2장	월계수잎 3장
양파 ½개	통후추 5알
당근 ⅓개	소금 약간
양배추 8잎	후춧가루 약간
이탈리안 파슬리 약간	

만들기

1 토마토는 완숙으로 준비한다. 토마토의 꼭지 반대편에 십자로 칼집을 넣고 끓는 물에 데치면 껍질이 흐물흐물해지면서 벗겨진다. 그때 찬물에 헹군 후 껍질을 완전히 벗기고 4등분한다.

2 수제소시지와 베이컨은 ①의 토마토 데친 물에 넣고 살짝 삶아 염분을 뺀다. 그리고 먹기 좋은 크기로 썬다.

3 양파와 당근, 양배추는 사방 3㎝ 크기로 적당하게 슬라이스 한다.

4 양념국물을 만들기 위해 냄비에 생수를 붓고 치킨스톡을 넣은 후 월계수잎과 통후추를 넣어 한소끔 끓인다.

5 ④의 국물이 끓으면 손질한 양배추와 수제소시지, 베이컨, 토마토, 양파, 당근을 넣고 이탈리안 파슬리도 조금 뜯어 넣은 뒤 끓인다.

6 ⑤의 국물이 우러나면서 거품이 생기면 말끔하게 걷어내고 약한 불에서 20분 정도 더 끓인다. 그리고 남은 국물 재료인 소금과 후춧가루로 맛을 내어 완성한다.

이보은의
맛

요리가 다르면 토마토 껍질 벗기는 방법도 다르다!

토마토 껍질은 식감이 질기고, 원활한 영양분 섭취를 방해하기 때문에 요리할 때 껍질을 벗기는 경우가 많은데요. 토마토 껍질을 벗기는 방법에는 끓는 물에 데치는 것과 직화로 굽는 것 2가지가 있어요. 데치는 경우는 토마토의 수분이 많아지기 때문에 포토프처럼 국물요리에 사용할 때 좋고요, 샐러드나 샌드위치 등에 스프레드로 넣어서 먹을 때에는 직화로 굽는 게 좋아요. 직화로 굽는 방법은 토마토의 꼭지 부분에 포크를 꽂고, 반대편에 십자로 칼집을 낸 뒤 토마토 겉면을 직화로 굽는 거예요. 그러면 껍질이 벌어지면서 벗기기 쉬워져요.

찬밥김치빈대떡

2인분

주재료	돼지고기양념
찬밥 1공기	고추장 1큰술
돼지고기(앞다리살) 200g	맛술 1큰술
배추김치 8쪽	올리고당 1작은술
메밀가루 5큰술	다진 마늘 1작은술
부침가루 5큰술	
생수 1컵	

만들기

1 찬밥은 전자레인지에서 가열하여 따끈하게 데운다.

2 돼지고기는 앞다리살로 준비해서 사방 1cm 크기로 썬다. 썬 돼지고기는 양념 재료를 모두 넣고 버무려 밑간한다.

3 배추김치는 잘게 채 썬다.

4 볼에 메밀가루와 부침가루를 넣고 생수를 부어서 잘 섞어준다. 반죽이 걸쭉해지면 찬밥과 돼지고기, 배추김치를 넣어 뻑뻑한 질감의 반죽이 될 때까지 잘 버무린다.

5 팬에 기름을 넉넉하게 두른 뒤 ④의 반죽을 한 국자씩 떠서 동그랗게 펼치고 앞뒤로 노릇하게 부쳐낸다.

볶음밥타코

2인분

주재료

토르티야 2장
배추김치 100g
옥수수콘 30g
도시락 조미김 5장
뜨거운 밥 2공기
무염버터 2큰술
피자치즈 ½컵

만들기

1 배추김치는 사방 0.5㎝ 크기로 잘게 썬다.

2 옥수수콘은 뜨거운 물에 넣고 헹궈서 건져낸 뒤 찬물에 한 번 더 헹구고 물기를 뺀다.

3 도시락 조미김은 비닐에 넣어 잘게 부순다.

4 팬에 무염버터를 녹이고 배추김치와 뜨거운 밥을 넣어 볶는다. 옥수수콘과 잘게 부순 도시락 조미김도 넣고 고루 섞어 김치볶음밥을 만든다.

5 다른 팬에 토르티야를 놓고 ④의 김치볶음밥을 토르티야의 절반 정도만 올린 후 그 위에 피자치즈를 고루 뿌린다. 그리고 토르티야를 반으로 접어 약한 불에서 치즈가 녹을 때까지 은근하게 굽는다.

오이냉국 부은
물냉면

주재료	냉국국물	오이무침양념
오이 2개	말린 홍새우 10g	고운 고춧가루 1큰술
양파 ½개	생수 8컵	다진 파 1큰술
홍고추 1개	국간장 1큰술	다진 마늘 1작은술
청양고추 1개	2배식초 ⅓컵	맛술 2큰술
생냉면사리 300g	올리고당 ⅓컵	설탕 1½큰술
	소금 ⅓큰술	식초 2큰술
		소금 ½큰술

2인분

만들기

1 오이는 소금으로 문질러 씻은 뒤 어슷하게 편 썰기 한 다음 다시 굵게 채 썰기 한다. 이때 오이는 백오이, 취청오이 모두 괜찮다. 다만 취청오이는 오이색이 선명한 반면 오이씨가 굵게 나온다는 단점이 있고, 백오이는 오이에 간이 잘 배지만 나른해진다는 단점이 있다.

2 양파는 곱게 채 썰고 홍고추와 청양고추는 송송 썬다.

3 냉국국물을 만들기 위해 냄비에 말린 홍새우를 볶다가 생수를 붓고 끓인다. 물이 끓으면 국간장으로 간을 맞춘 뒤 차게 식힌다.

4 ③의 국물에 2배식초와 올리고당을 넣어서 새콤달콤하게 간을 맞춘다. 그리고 냉동실에 넣어 살얼음지게 한다.

5 오이와 양파를 볼에 담고 오이무침양념 재료를 넣어 조물조물 무친다.

6 큰 밀폐용기에 ⑤의 오이무침을 담고 살얼음진 냉국국물을 붓는다. 부족한 간은 소금으로 맞춘다.

7 끓는 물에 생냉면사리를 30초에서 1분 정도 삶아 찬물에 헹궈 건져내 쫄깃하게 만든다. 건져낸 냉면사리는 물기를 꼭 짜고 1인분씩 사리지어 그릇에 담은 뒤 ⑥의 오이냉국을 듬뿍 부어서 차게 낸다.

냉국에 어울리는 재료는 따로 있다!

국물 요리를 할 때 국물의 깊은 맛과 향을 위해 육수를 내잖아요. 냉국 육수일 때는 멸치나 다시마보다 말린 홍새우를 이용하는 게 더 좋아요. 말린 홍새우는 시원하면서도 단맛이 우러나오기 때문이에요. 그리고 간을 맞출 때는 찬물에도 잘 녹고 부드러운 단맛을 내는 올리고당이 어울리고, 좀 더 새콤한 맛을 원한다면 일반식초보다 2배식초를 넣으면 감칠맛을 살릴 수 있어요.

한그릇

수란 올린 전주식
콩나물국밥

주재료	북어국물
콩나물 150g	황태채 30g
배추김치 100g	다시마 사방 5cm 2장
뜨거운 밥 2공기	쌀뜨물 6컵
고운 고춧가루 1큰술	국간장 1큰술
송송 썬 대파 5큰술	
수란 2개	
새우젓 1큰술	

만들기

1 콩나물은 다듬어 씻은 뒤 물기를 턴다. 배추김치는 물에 씻어서 양념을 없앤 후 채 썬다.

2 북어국물을 만들기 위해 황태채는 짧게 끊어 놓는다.

3 냄비에 쌀뜨물을 붓고 끓인다. 물이 끓으면 황태채와 다시마를 넣어 북어국물을 만든다. 물이 끓은 후 10분쯤 지나면 다시마를 건져내 채 썬다.

4 ③의 국물이 끓으면 콩나물을 살짝 데쳐내 식힌다. 그러면 국물에 콩나물 향이 배 더욱 시원해진다.

5 북어국물을 뚝배기에 나눠 담고 뜨거운 밥, 배추김치, 콩나물을 각각 넣은 뒤 끓인다. 국밥이 끓으면 송송 썬 대파와 고운 고춧가루, 국간장을 넣고 다시마채와 수란을 올려서 상에 낸다. 새우젓 국물로 개인의 기호에 따라 간을 맞추도록 한다.

수란의 정석!

수란은 달걀을 깨뜨려 끓는 물에 반숙으로 익힌 음식으로 조선시대 궁중연회식에서
많이 이용되었던 음식이에요. 보통 수란기를 이용하는데, 수란기가 없으면 얇고 넓
은 국자에 기름을 바르고 달걀을 깨뜨려 만들면 돼요.

주재료

달걀 1개
들기름 ½작은술
생수 3컵
식초 1작은술
소금 1작은술

만들기

1 냄비에 생수를 붓고 끓인다.

2 국자 안쪽에 들기름을 펴 바르고 달걀을 깨뜨려 넣는다.

3 ①의 냄비에 식초와 소금을 넣고 물이 끓을 때 ②의
   국자를 빙글빙글 돌리면서 뜨거운 물과 수증기로 달
   걀을 익혀준다. 달걀 노른자위의 하얀 막이 익으면 완
   성이다.

짬뽕밥

2인분

주재료	짬뽕양념	
오징어(몸통) 1마리	고추기름 2큰술	다시마 우린 물 5컵
칵테일새우(큰 것) 4마리	다진 마늘 1큰술	소금 약간
생표고버섯 2개	간장 2큰술	후춧가루 약간
양파 ½개	고운 고춧가루 1큰술	
대파 ½개	두반장 1큰술	
홍고추 1개	맛술 2큰술	
청양고추 1개	물엿 1작은술	
뜨거운 밥 2공기		
소금 약간		

만들기

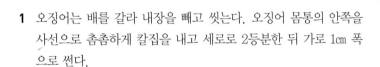

1 오징어는 배를 갈라 내장을 빼고 씻는다. 오징어 몸통의 안쪽을
   사선으로 촘촘하게 칼집을 내고 세로로 2등분한 뒤 가로로 1㎝ 폭
   으로 썬다.

2 칵테일새우는 큼직한 것으로 준비해서 소금물에 헹궈 건진다.

3 생표고버섯은 기둥을 떼어내고 씻은 뒤 얄팍하게 슬라이스 한다.

4 양파와 대파는 굵게 채 썰고 홍고추와 청양고추는 어슷하게 편
   썰기 한다.

5 깊이가 있는 팬에 양념 재료인 고추기름을 두르고 다진 마늘과
   주재료인 양파를 볶다가 생표고버섯, 오징어, 칵테일새우를 넣는
   다. 양념 재료인 간장, 고운 고춧가루, 두반장, 맛술, 물엿을 넣어
   볶는다.

6 ⑤의 팬에 다시마 우린 물을 붓고 끓인다. 국물이 끓으면 소금과
   후춧가루로 맛을 내고 대파, 홍고추, 청양고추를 넣어 끓인다.

7 그릇에 뜨거운 밥을 적당하게 나눠 담고 짬뽕을 건더기까지 푸짐
   하게 부어 낸다.

흑임자소스순두부탕

2인분

주재료	흑임자소스
순두부 1대접	다시마 우린 물 1컵
양파 ½개	흑임자(검은깨) 3큰술
대파 ⅓대	간장 1작은술
참기름 1작은술	맛술 1큰술
다시마 우린 물 1컵	소금 약간

만들기

1 순두부는 한 숟가락씩 떠서 체에 밭쳐 물기를 뺀다.

2 양파는 아주 곱게 채 썰고 대파는 잘게 썬다.

3 믹서에 다시마 우린 물 1컵을 붓고 흑임자, 간장, 맛술을 넣어 곱게 간 다음 소금으로 간을 해서 흑임자소스를 만든다.

4 냄비에 다시마 우린 물 1컵을 붓고 양파를 넣어 끓인다. 물이 끓으면 순두부와 흑임자소스를 넣고 한소끔 더 끓여 순두부탕을 만든다.

5 순두부탕을 불에서 내려 대파를 올리고 참기름을 뿌려 완성한다.

찰떡 넣은 미역국

2인분

주재료

찰떡 50g
불린 미역 50g
들기름 1큰술
쌀뜨물 4컵
다진 마늘 1작은술
국간장 1큰술
소금 약간

만들기

1 찰떡은 콩고물을 입히지 않고 살짝 굳힌 것으로 준비해서 사방 2㎝ 크기로 썬다. 불린 미역은 잘게 썬다.

2 냄비에 들기름을 두르고 미역을 넣어 볶는다.

3 ②의 냄비에 쌀뜨물을 붓고 센 불에서 10분, 약한 불에서 20분을 끓인다.

4 ③의 냄비에 국간장과 다진 마늘을 넣고 부족한 간은 소금으로 맞춘다.

5 뜨거운 미역국을 그릇에 담고 준비한 찰떡을 3~4개 정도 넣어 완성한다.

두릅두부간장조림과 수수밥

2인분

주재료	간장조림장
두릅 200g	간장 2큰술
두부 ½모	맛술 2큰술
멥쌀 1컵	다진 마늘 1작은술
수수 ½컵	들기름 1큰술
생수 2컵	들깻가루 3큰술
소금 약간	다시마 우린 물 ¼컵

만들기

1 두릅은 밑동을 자른 후 흐르는 물에 씻는다. 두릅이 긴 것은 반으로 자르고 짧은 것은 그대로 둔다.

2 두부는 사방 2㎝ 크기로 자른 뒤 소금 두 꼬집 정도를 뿌려서 물기가 빠지도록 잠시 둔다. 소금을 뿌리면 삼투압에 의해 두부 안의 간수가 빠져나가 두부가 부드러워지고 맛이 좋아진다.

3 전기밥솥에 멥쌀과 수수를 한데 섞어 안치고 생수를 부어 잡곡밥 짓기를 한다. 밥이 완성되면 고슬고슬하게 위아래를 흔들어 놓는다.

4 냄비에 두릅과 두부를 켜켜이 얹고 간장조림장 재료를 붓고 조린다.

5 잘박하게 두릅과 두부가 조려지면 모자라는 간을 소금으로 맞춰 두릅두부간장조림을 만든다.

6 그릇에 밥을 적당하게 나눠 담고 두릅두부간장조림을 국물째 밥에 얹어 완성한다.

팬토스트

2인분

주재료

토스트 식빵 2개
달걀 2개
무염버터 2큰술
슬라이스 체다 치즈 2장
마요네즈 2큰술

만들기

1 무염버터를 팬에 녹인 뒤 식빵 2개를 놓고 굽는다.

2 ①의 구운 식빵 위에 치즈를 올리고 그 위에 달걀을 깨뜨린다.

3 마요네즈를 ②의 식빵 위 달걀에 뿌리고 잠시 뚜껑을 덮어 구워
낸다. 이때 달걀은 살짝 반숙이 되도록 익히면 더욱 맛있다.

이태리식오므라이스

2인분

주재료

수제햄 80g
토마토 1개
마늘 5쪽
양송이버섯 3개
이탈리안 파슬리 20g
달걀 2개
무염버터 2큰술

뜨거운 밥 2공기
토마토케첩 3큰술
굴소스 1큰술
소금 약간

만들기

1 수제햄, 토마토, 마늘, 양송이버섯은 사방 1㎝ 크기로 썬다.

2 이탈리안 파슬리는 굵게 다지고 달걀은 풀어서 체에 곱게 걸러내 달 걀옷을 만든 뒤 소금으로 간한다.

3 팬에 무염버터를 녹이고 수제햄, 토마토, 마늘, 양송이버섯을 넣 어 볶는다. 그 다음 뜨거운 밥을 넣어 함께 볶는다.

4 ③의 팬에 토마토케첩과 굴소스를 넣고 잘 볶은 후 이탈리안 파 슬리를 넣어 버무린다. 이때 이탈리안 파슬리는 약간 남겨둔다.

5 다른 팬이 코팅될 정도로 기름을 아주 조금 두른 뒤 달걀옷을 붓 고 약한 불에서 익힌다. 달걀의 아랫면이 익으면 ④의 밥을 가지 런하게 담고 사방을 덮어 접는다.

6 그릇에 ⑤의 이태리식 오므라이스를 옮겨 담고 남은 파슬리를 올 려 완성한다.

이 보 은 의 두 번 째 요 리 이 야 기

한자리

땅콩 나눔을 통해

행복도 커지는 한자리

심심풀이 땅콩이라고 하죠?

그 이름답게 저는 가끔 땅콩을 삶아 간식으로 먹기도 합니다.

워낙 주전부리로 과자보다는 콩을 튀기거나 삶고 고구마, 감자, 단호박은

쪄먹는 것을 더 좋아 하는 토종 입맛이기도 해서 유난히 땅콩 삶은 것을 좋아합니다.

그래서 가끔 민속 장날에 맞춰 가까운 김포나 일산, 파주에서 열리는

오일장에 방문하면 꼭 생땅콩을 잊지 않고 산답니다.

사온 생땅콩은 냉동실에 차곡차곡 놓았다가 한 꾸러미씩 꺼내어 삶아 놓으면

오다가다 한주먹씩 집어먹는데, 그 맛이 아주 좋아요.

사실 다이어트 때문에 콩을 삶아 먹기 시작했는데,

콩 맛을 잊지 못해 계속 먹고 있는 심심풀이 땅콩이랍니다.

가을이 되면 귀농한 친구가 귀한 꾸러미를 보내주는데요.

잊을 만하면 가을 막바지에 오는 선물이에요.

작년 가을에도 어김없이 햇땅콩 한 자루, 뽕잎 삶은 것 한 줌,

매일 말하는 목에 좋다며 조려놓은 보리수조청 한 병,

친정 오라비에게 받았다는 화분 한 개가 조르르 담겨진 꾸러미를 보내줬습니다.

1년 동안 농사지어 정성껏 담은 봉다리마다 친구마음이 담겨 있는 듯해

하나씩 풀어내는 손끝에는 설렘이 가득 묻어나고, 하나씩 꾸러미가 열릴 때마다

두근거리는 가슴 한켠은 뜨끈해지면서 코끝이 시큰거립니다.

'지지배, 날 위해서 이렇게 요모조모 챙겨 담았구나'하는 생각에

동기간보다 낫다는 기분이 들어 마음의 위로를 받습니다.

이렇게 소중하게 받은 햇땅콩이 반짝반짝 매끈한 자태를 뽐냅니다.

요걸 삶아 오며가며 두서너 알씩 먹을까 하다 냉동고 속 우둔살 한 덩이가 생각나

땅콩장조림을 시작했어요. 우선 땅콩은 쌀뜨물에 살짝 헹궈 건져야 해요.

그래야 땅콩이 무르지 않고 단내가 흠뻑 납니다.

우둔살은 찬물에 30분 정도 담가 핏물을 빼고, 냄비에 다시마 우린 물을 2컵 정도 붓고

끓여요. 물이 끓으면 우둔살 400g을 넣어 삶습니다. 우둔살이 속까지 익혀지면

땅콩과 함께 마늘 20쪽, 꽈리고추 15개, 마른 홍고추 1개, 간장 ½컵, 매실청 ¼컵,

청주 5큰술, 맛술 5큰술을 넣고 조리세요.

간장은 고기가 익힌 후에 넣어야 고기와 땅콩이 딱딱해지지 않아요.

이게 바로 최고의 꿀팁입니다.

우둔살은 결대로 찢어 다시 조림장에 넣고 같이 조려주세요.

이때 불은 약하게 조절하고 냄비 뚜껑을 덮으세요.

20분 정도 지나 땅콩에 간이 배고 마늘이 익혀지면 올리고당 1~2큰술을 넣어

윤기를 내줍니다. 마지막으로 센 불에서 한소끔만 끓여 완성하세요.

저는 청양고추 1개 정도를 더 넣어 조리니 맛이 칼칼해져 좋더라고요.

땅콩 대신 흰강낭콩으로 해도 좋고 검은콩, 작두콩, 흰콩도 가능합니다.

이렇게 만든 땅콩장조림은 우리 제자들에게 나눠주고 가깝게 지내는 지인들에게도

조금씩 나눔을 했습니다.

맛있는 땅콩장조림! 친구가 보내준 꾸러미의 한켠을 차지했던 마음의 선물이

내겐 아주 좋은 한끼 나눔이 된 것이죠.

“나눔의 맛을 아는 요즘이
가장 행복합니다.
반찬 없는 날엔, 특히 더 맛있겠지요?”

함께여서 더 좋은 한자리 요리

혼자 해결해야 하는 한끼가 점점 늘고 있는 요즘입니다.
이럴 때일수록 사람의 정이 정말 소중해지는데요.
사람과 사람의 정을 나눌 수 있는 '한자리 요리'를 만나볼까요?

된장 바른 두부스테이크

4인분

주재료	된장양념
두부 2모	된장 4큰술
베이비채소 300g	맛술 4큰술
홍고추 1개	다진 양파 2큰술
소금 약간	꿀 1큰술
	다시마 우린 물 4큰술

만들기

1 된장양념을 재료의 분량대로 잘 섞는다.

2 두부는 씻어서 1.5㎝ 두께로 넓적하게 가로로 슬라이스 한다. 시판 두부는 보통 3장 정도 나온다. 썬 두부에 소금을 조금 뿌려서 잠시 절인다. 그래야 속의 수분이 밖으로 빠져나와 두부가 단단해진다.

3 두부에 된장양념을 고루 펴 바른다.

4 베이비채소는 물에 씻은 뒤 물기를 턴다. 홍고추는 씨를 빼고 곱게 다진다.

5 팬에 기름을 두른 뒤 ③의 두부를 올리고 약한 불에서 은근하게 구워낸다. 이때 홍고추를 뿌려서 함께 굽는다.

6 접시에 구운 두부스테이크를 놓고 베이비채소를 곁들여 낸다.

양파와 맛술로 된장의 짠맛을 잡아라!

된장은 짠맛이 강하죠? 그래서 된장을 식재료에 발라 굽거나 볶거
나 조리거나 할 때에는 짠맛을 순하게 바꿔줘야 하는데요. 그러기
위해 필요한 재료가 양파와 맛술입니다. 된장에 양파와 맛술을 섞어
주면 순한 단맛이 나기 때문에 된장 바른 요리가 맛있어져요.

버섯 프라이

4인분

주재료	간편소스	달걀마요소스
새송이버섯 3개	돈가스소스 3큰술	삶은 달걀 1개
생표고버섯 3개	토마토케첩 1큰술	다진 양파 ½컵
밀가루 1컵	머스터드 1작은술	마요네즈 5큰술
달걀 2개	마요네즈 1큰술	레몬즙 1작은술
빵가루 1컵	깻가루 2큰술	올리고당 1작은술
튀김기름 2컵		다진 파슬리 1작은술
소금 약간		소금 약간
후춧가루 약간		후춧가루 약간

만들기

1 볼에 돈가스소스와 토마토케첩, 머스터드, 마요네즈를 넣고 잘 섞는다. 그 위에 깻가루를 올려 간편소스를 완성한다.

2 완숙으로 삶은 달걀은 껍질을 벗기고, 잘게 썰어 볼에 담는다. 볼에 다진 양파를 넣고 마요네즈와 레몬즙, 소금, 후춧가루, 올리고당을 섞어 맛을 낸 뒤 다진 파슬리를 뿌려 달걀마요소스를 만든다.

3 새송이버섯은 세로로 4등분하고, 생표고버섯은 크기에 따라 2등분 또는 4등분한다.

4 소금, 후춧가루를 약간씩 섞은 밀가루에 버섯을 넣고 골고루 버무린다.

5 달걀은 풀어서 달걀옷을 만든다.

6 버섯을 달걀옷에 흠뻑 적신 뒤 빵가루를 듬뿍 묻힌다. 160도로 달군 튀김기름에 바삭하게 튀겨내 기름을 빼고 그릇에 담는다.

이보은의
맛

튀김도 소스를 골라먹는 재미가 있으면 좋겠죠?

튀김의 느끼함을 달래주는 것이 바로 소스의 역할이죠? 게다가 여러 가지 소스를 선택해 튀김을 찍어 먹으면 튀김의 지루함도 달랠수 있답니다. 만약 다양한 소스를 만드는 게 부담스럽다면 직접 만드는 소스와 시판용 소스들을 간단히 섞어 만드는 소스 2가지를 준비해 보세요. 튀김 하나를 먹으면서 소스를 골라먹는 재미를 느낄수 있을 거예요.

간편소스   달걀마요소스

우엉튀김 올린 한식풍 샐러드

4인분

주재료	한식풍간장드레싱
우엉 200g	다진 홍고추 2큰술
감자전분 5큰술	다진 풋고추 2큰술
애호박 1개	간장 3큰술
가지 2개	올리브오일 3큰술
양파 1개	꿀 1큰술
청상추 100g	레몬즙 1큰술
	소금 약간

만들기

1 우엉은 껍질을 벗기고 4㎝ 길이로 썬 뒤 얄팍하게 편 썰기 해서 곱게 채 썬다.

2 쌀뜨물에 우엉을 넣고 바락바락 주물러 씻은 후 물기를 털고 감자전분을 흠씬 입힌다. 팬에 식용유를 넉넉하게 붓고 튀기듯이 바삭하게 튀겨낸다.

3 애호박과 가지는 세로로 반을 갈라 긴 모양이 되도록 어슷하게 편 썬다. 양파는 세로로 반 가르고 가로 1㎝ 두께로 썬다.

4 팬에 기름을 넉넉하게 두르고 애호박, 가지, 양파를 노릇하게 구워낸다. 이때 감자전분을 솔솔 뿌리면서 굽는다.

5 청상추는 씻어서 1㎝ 폭으로 썬다.

6 한식풍간장드레싱 재료를 한데 섞어 드레싱을 만든다.

7 접시에 청상추를 깔고 구운 애호박, 가지, 양파를 고르게 펴 담는다. 그 위에 우엉튀김을 올린 후 한식풍간장드레싱을 뿌린다.

장단콩찌개

4인분

주재료		고기양념
장단콩(백태) 2컵	다시마 우린 물 6컵	국간장 1큰술
돼지고기(목살) 300g	소금 약간	다진 마늘 1큰술
익은 알타리김치 300g	들기름 1큰술	맛술 1큰술
대파 1대		
양파 ½개		
청양고추 1개		
홍고추 1개		

만들기

1 파주 장단콩마을의 흰콩을 물에 담가 4시간 이상 불린다. 끓는 물에 불린 콩을 넣어서 20분 정도 삶은 뒤 찬물에 헹궈 건진다.

2 믹서에 다시마 우린 물 3컵을 붓고 삶은 콩을 넣어 곱게 갈아 걸쭉한 콩물을 만든다.

3 돼지고기는 목살로 준비해서 지방, 힘줄, 근육, 살이 모두 끊어지도록 삼각형 모양으로 썬다. 그 다음 고기양념 재료를 넣어 조물조물 버무린다.

4 잘 익은 알타리김치는 물로 씻어서 양념을 없앤다. 알타리의 무 부분은 길이대로 편 썰고 무청은 4㎝ 길이로 썬다.

5 양파는 굵게 채 썰고, 대파는 어슷하게 편 썬다. 홍고추와 청양고추는 동그랗게 송송 썬다.

6 냄비에 돼지고기와 알타리김치를 담은 뒤 들기름을 넣고 함께 볶는다. 고기가 어느 정도 익으면 양파를 함께 넣고 볶는다.

7 ⑥의 냄비에 다시마 우린 물 3컵을 붓고 은근하게 끓이다 고기가 익으면 ②의 콩물을 붓고 마저 끓인다. 그리고 대파와 청양고추, 홍고추를 넣고 소금으로 간해서 완성한다.

이보은의
맛

부들부들한 돼지고기를 원한다면 삼각형을 기억하라

돼지고기는 먹을 때 퍽퍽해서 싫다는 사람이 있지요? 하지만 손질만 제대로 해주면 돼지고기도 충분히 부드러운 식감을 즐길 수 있어요. 돼지고기를 부드럽게 해주는 손질 비법은 무엇일까요? 바로 돼지고기를 칼날로 두드리고 삼각형 모양으로 썰어주는 거예요. 그러면 돼지고기의 근육과 힘줄, 지방, 살이 고루 분포되어 부드럽게 익혀지고 식감도 좋아진답니다.

제주오겹오븐구이

4인분

주재료	구이양념장
돼지고기(제주산 오겹살) 600g	슬라이스 마늘 30g
쌈채소(상추, 깻잎, 치커리 등) 400g	맛술 4큰술
오이고추 8개	간장 4큰술
오이 1개	마른 홍고추 2개
당근 1개	
레몬소금 약간	
생강소금 약간	

만들기

1 볼에 마른 홍고추를 잘게 부수어 담고 슬라이스 마늘, 맛술, 간장을 넣고 잘 버무려 구이양념장을 만든다.

2 제주산 오겹살은 통째로 준비해서 구이양념장을 흠씬 바른 뒤 냉장고에서 1시간 이상 숙성시킨다.

3 숙성시킨 오겹살은 200도로 예열한 오븐에서 30분을 굽다가 다시 뒤집어 놓고 20분을 더 굽는다.

4 오이와 당근은 손가락 굵기로 길게 스틱모양처럼 썰고 오이고추와 쌈채소는 흐르는 물에 말끔하게 씻는다.

5 구운 오겹살은 얄팍하게 슬라이스 해서 접시에 담고 레몬소금과 생강소금을 곁들인다. 오이, 당근, 오이고추, 쌈채소도 한데 모아 담는다.

팬에서 제주오겹살을 구울 때는?

집에 오븐이 없다면 팬에 구워 먹어도 맛있어요. 우선 제주산 오겹
살은 사방 4~5㎝, 길이 10㎝로 썰어서 구이양념장에 재워둡니다.
팬에 재운 오겹살을 그대로 올리고 센 불에서 약한 불로 불조절을
하면서 노릇하게 굽기만 하면 끝인데요. 여기서 중요한 포인트는 오
겹살이 어느 정도 익었을 때 물스프레이를 뿌리고 뚜껑을 덮어서 찜
하듯이 익힌다는 점이에요. 그러면 겉은 태우지 않고 속은 보들보들
하게 익힐 수 있어요.

채소새우죽

4인분

주재료

칵테일새우 150g
쌀 1컵
다진 양파 3큰술
다진 부추 3큰술
다진 당근 3큰술
들기름 1큰술

생수 6컵
국간장 1작은술
소금 약간

잣간장소스

다진 잣 2큰술
간장 2큰술
생수 2큰술

만들기

1 칵테일새우는 소금물에 헹군 뒤 건진다.

2 쌀은 충분하게 불린 다음 체에 밭쳐 물기를 뺀 후 손절구에 넣고 적당한 크기로 빻는다.

3 냄비에 들기름을 두르고 국간장과 쌀, 칵테일새우를 넣고 볶는다.

4 ③의 냄비에 생수를 붓고 끓이면서 다진 양파와 부추, 당근을 넣어 죽을 쑨다.

5 쌀 알갱이가 퍼지면 불을 약하게 줄이고 은근하게 끓여 죽을 완성한다.

6 다진 잣과 간장, 생수를 섞어 잣간장소스를 만든다.

7 채소새우죽을 그릇에 담고 잣간장소스로 간을 맞춘다.

파채돈가스

	주재료	고기밑간	양념파채
4인분	돼지고기(앞다리살) 300g	참외 1개	대파 4개
	밀가루 1컵	청주 2큰술	붉은 파프리카 ½개
	달걀 5개	곱게 빻은 소금 약간	참기름 1작은술
	빵가루 2컵	곱게 빻은 통후추 약간	레몬즙 2큰술
	튀김기름 3컵		소금 약간

만들기

1 돼지고기는 0.5㎝ 두께로 넓게 슬라이스 한 앞다리살로 준비한 뒤 고기망치로 두드려 고기를 부드럽게 한다.

2 고기밑간을 위해 참외는 껍질을 벗기고 적당한 크기로 자른 뒤 씨를 도려내고 믹서에 넣어 곱게 간다.

3 고기에 참외 간 것을 넣어 버무린 다음 청주와 곱게 빻은 소금, 곱게 빻은 통후추를 넣어 조물조물 무친 뒤 20분 정도 재운다.

4 ③의 고기를 넓게 펼치고 밀가루를 듬뿍 묻힌다.

5 달걀은 풀어서 달걀옷을 만들고 밀가루 묻힌 고기에 달걀옷을 고루 입힌다. 그 다음 위아래 두텁게 빵가루 옷을 입힌다.

6 튀김기름 온도가 160도 정도 되었을 때 ⑤의 돈가스를 바삭하게 튀긴 후 꺼내서 기름을 뺀다.

7 파프리카는 아주 곱게 채 썰고 대파는 4㎝ 길이로 토막 내어 세로로 가르고 곱게 채 썬다. 채 썬 파프리카와 대파를 참기름과 레몬즙, 소금으로 버무려 양념파채를 완성한다.

8 접시에 적당하게 썬 돈가스를 담고 그 옆에 양념파채를 소복하게 올린다.

쇠고기 올린 가지구이

4인분

주재료	가지밑간	쇠고기양념
가지 3개	맛술 3큰술	간장 1큰술
쇠고기(우둔살) 200g	간장 1큰술	다진 마늘 1큰술
양파 ½개		올리고당 1큰술
쪽파 5대		후춧가루 약간
올리브유 2큰술		
파마산치즈가루 ½컵		

만들기

1 가지는 씻어서 꼭지를 잘라내고 세로로 길게 2등분한다. 2등분한 가지 껍질에 사방 1㎝ 간격으로 칼집을 내고 가지밑간 재료를 섞어서 고루 펴 바른다.

2 쇠고기는 우둔살로 준비해 사방 0.5㎝ 크기로 잘게 썬다. 그 위에 잔칼질을 서너 번 더 해서 고기를 부드럽게 한다. 쇠고기양념 재료를 한데 섞어 쇠고기를 양념한 다음 뜨거운 팬에서 볶아낸다.

3 팬에 올리브유를 두르고 가지를 껍질부터 굽기 시작한다. 가지가 노릇해지면 뒤집어서 나른하게 구워낸다.

4 양파는 아주 얇게 채 썰고 찬물에 헹궈 물기를 뺀다. 쪽파는 송송 썰어 놓는다.

5 접시에 구운 가지를 담고 그 위에 쇠고기 볶음을 얹은 후 양파와 쪽파를 뿌린다. 마지막으로 그 위에 파마산치즈가루를 솔솔 뿌려 완성한다.

태국식수제비볶음

4인분	주재료	태국식소스
	밀가루 1½컵	피쉬소스 3큰술
	메밀가루 ½컵	레몬즙 3큰술
	생수 2컵	간장 1큰술
	고수 50g	다진 마늘 1큰술
	양파 ½개	맛술 2큰술
	양배추 8장	꿀 1큰술
	숙주 100g	소금 약간
	땅콩 3큰술	후춧가루 약간

만들기

1 밀가루와 메밀가루를 섞은 다음 생수를 조금씩 부어가면서 반죽한다. 거칠게 반죽이 만들어지면 비닐에 담아 30분 정도 숙성시킨다. 그래야 더욱 매끈하고 부드러운 반죽이 만들어진다.

2 고수는 씻어서 물기를 털고 양파와 양배추는 사방 2㎝ 크기로 썬다. 숙주는 다듬어서 씻고 물기를 턴다.

3 끓는 물에 숙성 시킨 반죽을 얄팍하게 떼어내 넣는다. 반죽을 뗄 때 손에 물을 묻히면 반죽이 손에서 쉽게 떨어진다. 그리고 반죽이 익어서 동동 떠오르면 건져내 찬물에 헹구고 물기를 뺀다.

4 팬에 기름을 두르고 태국식소스 재료인 다진 마늘과 주재료인 양파, 양배추를 먼저 볶다가 숙주와 익힌 수제비를 넣는다.

5 ④의 팬에 소스 재료인 피쉬소스와 레몬즙, 간장, 맛술을 추가로 넣어 볶는다. 마지막으로 꿀로 맛을 낸 후 소금과 후춧가루로 간을 맞춰 그릇에 담는다. 그 위에 고수를 듬뿍 얹고 땅콩을 거칠게 가루 내어 뿌린다.

이보은의
맛

쫀득하고 야들한 반죽의 비밀은 비닐?

수제비 반죽은 쫄깃한 게 생명이죠? 그런데 집에서 쫄깃하게 반죽
하는 게 쉽지 않다고요? 이럴 때는 대강 반죽을 버무려 비닐에 넣고
숙성시키기만 하면 끝나요. 비닐에서 반죽이 숙성되면서 글루텐이
형성되어 쫀득하고 야들해지거든요.

떡잡채

4인분	주재료	양념	양념장
	절편 12조각	**묵은지무침양념**	소금 약간
	묵은지 400g	들기름/설탕 1큰술, 다진 마늘 1작은술	후춧가루 약간
	당면 150g		참기름 1½큰술
	사각어묵 100g	**당면 삶을 때 양념**	깻가루 2큰술
	양파 ½개	식용유 1작은술, 간장 1큰술	
	붉은 파프리카 1개		
	청피망 1개	**조림양념**	
	들기름 약간	간장 1큰술, 설탕 1작은술	
	소금 약간		

만들기

1 절편은 손가락 굵기로 썬 다음 들기름을 조금 넣고 버무린다.

2 묵은지는 물로 씻은 뒤 물기를 꼭 짜고 세로 6~7㎝ 길이로 길게 채 썬 다음 묵은지무침양념 재료를 넣고 조물조물 무친다.

3 당면은 물에 충분하게 불린 다음, 끓는 물에 식용유와 간장을 넣고 쫄깃하게 삶는다. 삶은 당면은 체에 밭쳐 물기를 뺀다.

4 사각어묵은 뜨거운 물로 씻어 기름기를 없앤 후 곱게 채 썬다. 양파는 곱게 채 썰고 붉은 파프리카와 청피망은 반을 갈라 씨를 뺀 뒤 곱게 채 썬다.

5 팬에 기름을 두르고 양파와 붉은 파프리카, 청피망을 각각 볶아 낸다. 이때 약간의 소금으로 간을 하면 나른하게 잘 볶아진다. 같은 팬에 묵은지를 나른하게 볶아 내고 마지막으로 절편과 사각어묵을 넣고 조림양념 재료를 넣어 조린다.

6 큰 볼에 절편, 당면, 묵은지, 사각어묵, 청피망, 붉은 파프리카, 양파를 모두 담고 소금과 후춧가루로 간을 한다. 마지막으로 참기름과 깻가루를 넣고 버무려 완성한다.

이보은의
맛

윤기는 자르르 흐르고, 면발은 탱글탱글하게 당면 삶기

당면으로 잡채를 만들 때 중요한 것은 당면이 퉁퉁 붇지 않으면서 다른 재료들과 잘 어우러지게 버무리는 건데요. 그러기 위해서는 당면을 잘 삶는 게 중요해요. 당면을 삶을 때 식용유를 넣으면 쫄깃한 식감을 살릴 수 있고요, 간장을 넣으면 윤기가 자르르 흐르면서 맛있게 색을 입혀 준답니다. 당면 삶기 참 쉽죠?

단호박
난자완스

주재료	고기밑간	양념장
돼지고기(앞다리살 다짐육) 300g	청주 1큰술	굴소스 2큰술
청경채 2포기	맛술 2큰술	간장 1큰술
청피망 ½개	녹말가루 3큰술	치킨스톡 1개
홍피망 ½개	쌀가루 3큰술	생수 1½큰술
양파 ½개	소금 약간	물녹말 2큰술
표고버섯 3장	후춧가루 약간	소금 약간
단호박 ½개		

4인분

만들기

1 돼지고기는 앞다리살 다짐육으로 준비해서 고기밑간 재료를 넣고 버무린다.

2 밑간한 돼지고기는 직경 6㎝ 정도의 동그란 모양이 되도록 완자를 빚는다.

3 청경채는 세로로 2등분해서 씻은 뒤 물기를 턴다. 홍피망, 청피망, 양파는 사방 2㎝ 크기로 썬다.

4 표고버섯은 물에 충분하게 담가 부드럽게 불려서 기둥째 도톰하게 슬라이스 한다. 단호박은 껍질을 대강 벗겨서 전자레인지에 2분 정도 가열한 후 사방 2㎝ 폭으로 썬다.

5 팬에 기름을 두르고 ②의 돼지고기 완자를 노릇하게 구워내 난자완스를 완성한다.

6 깊이가 있는 팬에 기름을 두르고 양파와 단호박, 표고버섯을 넣어 볶는다. 그리고 양념장 재료인 간장, 굴소스를 추가로 넣어 볶으면서 생수를 붓고 치킨스톡을 넣어 끓인다.

7 ⑥의 팬에 난자완스와 청경채, 청피망, 홍피망을 넣고 끓인다. 양념장 재료인 소금으로 맛을 내고 물녹말을 넣어 걸쭉한 상태로 완성한다.

냉이고추장소스 올린
오징어통구이

4인분

주재료	오징어밑간	고추장소스
오징어 2마리	맛술 2큰술	고추장 2큰술
냉이 200g	간장 1큰술	간장 1작은술
양파 ½개		맛술 1큰술
소금 약간		올리고당 1작은술
		다진 파 1큰술
		다진 마늘 1작은술
		참기름 1작은술
		통깨 약간

만들기

1 오징어는 배를 가르지 않은 상태로 속의 내장을 뺀 후 흐르는 물에 헹궈 물기를 닦는다.

2 오징어 몸통과 다리 겉면에 가로로 가늘게 칼집을 내고 오징어밑간 재료를 섞어 고루 바른다.

3 냉이는 겉잎의 누런 부분을 떼어내고 칼날로 잔뿌리를 긁어내 다듬은 다음, 쌀뜨물에 담가 흔들어 씻는다.

4 끓는 물에 소금을 약간 넣은 뒤 다듬은 냉이를 파랗게 데치고 찬물에 헹궈 물기를 꼭 짠다.

5 데친 냉이는 송송 썰어 볼에 담고 고추장소스 재료를 모두 넣어 잘 버무린다.

6 양파는 가로로 가늘게 채 썰어 찬물에 헹궈 건진다.

7 팬을 뜨겁게 달군 뒤 불을 약하게 조절해서 기름은 두르지 않고 오징어 몸통과 다리를 올려 무수분으로 익힌다.

8 접시에 ⑦의 오징어 통구이를 적당하게 썰어 그릇에 담고 양파를 올린 후 ⑤의 냉이고추장소스를 그득하게 얹는다.

오징어는 물 없이 구워야 제맛

물 없이 오징어를 구우면 오징어의 진한 풍미가 살아나면서 통통한 오징어 살집이 그대로 드러나 식감이 아주 좋아져요. 다만 무수분 조리 시에는 뜨거운 팬에서 불을 약하게 한 후에 구워야 한다는 점을 잊지 마세요.

두릅고기
쪽파말이

주재료	고기양념	
두릅 300g	양파 ¼개	청주 2큰술
쇠고기(등심) 300g	사과 ½개	매실청 2큰술
쪽파 20대	마늘 3쪽	소금 약간
소금 약간	간장 3큰술	후춧가루 약간
식용유 약간	생수 ⅓컵	

만들기

1 두릅은 밑동을 자르고 다듬어 씻은 다음 물기를 뺀다. 쪽파도 다듬어 씻은 뒤 물기를 턴다.

2 냄비에 물을 반 정도 붓고 소금과 식용유를 소금 넣는다. 물이 끓으면 두릅과 쪽파를 차례로 데쳐 찬물에 헹궈 건진다.

3 쇠고기 등심은 손가락 굵기로 썰고, 칼등으로 두드려 고기를 연하게 한다.

4 믹서에 양파와 사과, 마늘, 간장, 생수, 청주, 매실청을 한 번에 넣고 곱게 갈아 고기양념을 만든다. 소금과 후춧가루로 모자라는 간을 맞춘다.

5 ④의 양념을 팬에 붓고 끓인다. 양념이 끓으면 고기를 넣어 굽듯이 볶는다.

6 구운 고기와 두릅은 쪽파로 한데 묶어서 말이를 만들어 완성한다.

고기양념은 믹서 버튼만 꾹 눌러 해결!

야외에서 고기를 구워먹을 때 소금과 후춧가루만 뿌려서 먹으면 좀 지겹잖아요. 가끔 양념고기도 생각나는데요. 그렇다고 야외에서 일일이 양념을 챙겨가며 고기를 굽는 것도 일이죠? 이럴 때는 믹서에 양념 재료를 한 번에 넣고 갈아주면 정말 편해요. 이렇게 갈아준 양념을 냄비 또는 팬에서 한소끔 끓인 후에 고기를 넣어 볶으면, 고기에 간이 잘 배고 윤기가 나서 먹음직스럽답니다.

구운 마 차돌박이구이버무리

4인분

주재료	버무리양념장	차돌박이밑간
참마(20㎝) 1개	간장 1큰술	소금 약간
차돌박이 300g	다진 파 1큰술	후춧가루 약간
토마토 2개	다진 마늘 1작은술	
양파 ½개	맛술 1큰술	
상추 10장	참치액 1작은술	
식용유 약간	참기름 1큰술	
	깨소금 2큰술	
	후춧가루 약간	

만들기

1 참마는 껍질을 벗기고 1㎝ 폭으로 썬다. 뜨겁게 달군 팬에 참마를 그대로 올려 노릇하게 구워낸다.

2 차돌박이는 소금과 후춧가루로 밑간한다.

3 토마토는 세로로 6등분을 하고, 양파는 굵게 채 썬다. 상추는 손으로 뜯어 놓는다.

4 참마를 구웠던 팬에 식용유를 조금 두르고 양파와 토마토를 구워낸 후에 차돌박이를 굽는다.

5 볼에 상추와 ④의 구운 마, 토마토, 양파, 차돌박이를 담고 버무리양념장 재료를 모두 넣은 다음, 살살 버무려 그릇에 담아낸다.

국물 오징어볶음과
칼국수사리

4인분

주재료	국물양념장
오징어 3마리	고춧가루 5큰술
양배추 8장	고추장 3큰술
양파 ½개	간장 3큰술
대파 1개	맛술 3큰술
청양고추 1개	다진 마늘 1큰술
홍고추 1개	물엿 2큰술
굵은소금 약간	카레가루 1큰술
생칼국수 300g	생수 2컵
소금 약간	

만들기

1 오징어는 굵은소금을 녹인 물에 헹구어 씻은 후 물기를 닦는다. 몸통에 붙어 있는 다리를 잘라내고 몸통 안쪽으로 숟가락을 집어넣어 내장을 말끔하게 꺼낸 뒤 흐르는 물에 한 번 씻는다.

2 손질한 오징어의 몸통은 0.5~0.6cm 두께로 동그랗게 썬다. 다리는 흡반을 칼날로 긁어내고 물로 씻은 뒤 5cm 길이로 길게 썬다.

3 양배추와 양파는 1cm 폭으로 썰고 대파는 굵게 편 썰기 한다. 청양고추와 홍고추는 세로로 반을 갈라 씨가 있는 채로 송송 썬다.

4 끓는 물에 생칼국수를 쫄깃하게 삶아 찬물에 헹궈 건진다.

5 국물양념장은 재료의 분량대로 한데 섞어서 만든 다음 냄비에 붓고 끓인다. 그래야 양념이 착 감기고 국물이 텁텁해지지 않는다.

6 ⑤의 국물이 끓어 양념 맛이 살아나면 양파와 양배추, 대파를 먼저 넣고 끓인다. 국물이 끓으면 오징어를 넣어 볶듯이 끓인다.

7 ⑥의 냄비에 청양고추와 홍고추를 넣어 한소끔 끓인 다음 소금으로 모자라는 간을 맞춘다. 그릇에 생칼국수와 국물양념장을 함께 담아 비벼 먹는다.

캠핑볶음밥

4인분

주재료

고기 300g
양파 ½개
대파 1대
뜨거운 밥 4공기
김치국물 ½컵
참기름 1큰술

만들기

1 캠핑을 가서 저녁에 구워 먹고 남은 고기를 잘게 썬다.

2 양파와 대파도 잘게 썬다.

3 팬에 양파, 대파, 고기를 넣고 김치국물과 참기름을 부은 뒤 볶는다.

4 ③의 팬에 뜨거운 밥을 넣고 볶은 고기로 양념해서 자르듯이 볶는다.

5 밥과 볶은 고기가 잘 섞이면 밑이 약간 눌리도록 평편하게 펼치고 꾹꾹 눌러서 살짝 구워지듯이 만들어 완성한다.

된장술밥

4인분

주재료

쇠고기(등심) 200g
애호박 ⅓개
감자 2개
양파 ½개
대파 1대
된장 3큰술
고추장 1작은술
맛술 1큰술
쌀뜨물 6컵
밥 3공기

만들기

1 쇠고기는 사방 2㎝ 크기로 납작하게 썰어 먹기 좋게 준비한 뒤
맛술에 조물조물 무친다.

2 애호박, 감자, 양파, 대파는 사방 1㎝ 크기로 썬다.

3 냄비에 ①의 쇠고기를 볶다가 쌀뜨물을 붓고 된장과 고추장을 풀
어서 끓인다. 물이 끓기 시작하면 양파, 대파, 감자, 애호박을 넣
고 한소끔 더 끓여 된장찌개를 만든다.

4 된장찌개가 걸쭉해지면 밥을 말아서 한소끔 더 끓여 된장술밥을
완성한다.

통목살스테이크와
김치쌈

4인분

주재료

돼지고기(목살) 4덩이
만능소금 약간
통후추 약간
배추김치 200g
들기름 1큰술
강고추냉이 약간

만들기

1 돼지고기는 2㎝ 두께로 두툼하게 썬 목살로 준비하고, 가장자리에 칼집을 낸다.

2 ①의 돼지고기에 기호에 맞는 만능소금을 조금씩 뿌린다. 통후추도 굵게 빻아서 뿌린다.

3 배추김치는 물에 헹궈 양념을 씻어낸 후 물기를 짜고, 들기름으로 조물조물 무친다.

4 뜨겁게 달군 그릴 팬에 돼지고기 목살을 놓고 처음엔 센 불로 위아래 육즙을 막아 구운 뒤 약한 불에서 은근하게 속까지 굽는다.

5 목살이 거의 다 익혀지면 물 몇 수저를 팬에 떨어뜨리고 뚜껑을 덮어서 증기로 목살 속까지 다 익힌다.

6 접시에 통목살스테이크를 담고 강고추냉이를 조금 올린 뒤 김치로 쌈을 싸서 먹는다. 각자 커트러리를 준비해서 썰어 먹어도 좋다.

이보은의
맛

맛도 좋고 몸에도 좋은 만능소금

천일염은 바닷물을 바람과 햇빛으로 말려 얻은 굵은소금으로, 가공된 정제염보다
나트륨 함량이 적고 미네랄이 풍부합니다. 천일염 중에서도 3년 천일염은 3년간 간
수를 빼면서 숙성시켜 쓴맛은 적어지고 소금 특유의 단맛이 살아나 요리할 때 음식
맛을 좋게 해요. 단지 천일염으로 만든 만능소금은 공기 중의 수분을 흡수했다 뿜어
냈다 하는 천일염의 특성 때문에 실온에서 보관하게 되면 습기에 약해질 수밖에 없
다는 게 단점인데요. 이때는 쌀 알갱이 서너 알을 소금병에 넣으면 습기를 막을 수
있답니다.

생강소금

생강 15g
3년 천일염 100g

1 생강은 깨끗하게 씻어 껍질째 얄팍하게 슬라이스 하고 찬물에 헹궈서 건져낸다. 그리고 식품건조기에 넣고 바싹 말린다.
2 마른 팬에 말린 생강과 3년 천일염을 함께 넣고 3분 정도 약한 불에서 볶아낸 뒤 식힌다.
3 분쇄기에 생강과 천일염을 함께 넣어 곱게 갈아준다.
4 열탕 소독한 병에 ③의 생강소금을 담고 건조한 실온에서 보관한다.

레몬소금

레몬 2½개(30g)
3년 천일염 100g

1 레몬은 베이킹소다로 씻고 물기를 닦은 뒤 뜨거운 물에 살짝 데쳐낸다. 그리고 찬물에서 헹군 뒤 물기를 닦고 아주 얄팍하게 슬라이스 한다.
2 레몬을 식품건조기에 넣고 바싹 말린다. 볕이 좋은 날 그늘에서 말려도 좋다.
3 마른 팬에 3년 천일염을 넣고 3분 정도 약한 불에서 볶아낸 뒤 식힌다.
4 분쇄기에 말린 레몬을 먼저 갈아준 뒤 볶은 천일염을 추가로 넣어 곱게 갈아준다.
5 열탕 소독한 병에 ④의 레몬소금을 담고 건조한 실온에서 보관한다.

청귤소금

청귤청건지 50g
3년 천일염 100g

1 청귤청을 만든 뒤 건지만 건져내 청의 즙을 다 털어낸다.
2 볕이 좋은 날 청귤청 건지를 그늘에서 말린다. 식품건조기에서 바싹 말려도 좋다.
3 마른 팬에 3년 천일염을 넣고 약한 불에서 10분 정도 볶아낸 뒤 식힌다.
4 분쇄기에 청귤청 건지 말린 것을 먼저 넣고 곱게 갈아준다. 그 다음 볶은 천일염을 추가로 넣어 곱게 갈아준다.
5 열탕 소독한 병에 ④의 청귤소금을 담고 건조한 실온에서 보관한다.

울금소금

울금가루 6g
3년 천일염 100g

1 마른 팬에 3년 천일염을 넣고 3분 정도 약한 불에서 볶아낸 뒤 식힌다.
2 분쇄기에 울금가루와 볶은 천일염을 넣고 곱게 갈아준다.
3 열탕 소독한 병에 ②의 울금소금을 담고 건조한 실온에서 보관한다.

사과껍질소금

사과껍질 50g
3년 천일염 100g

1 사과는 베이킹소다와 식초를 섞은 물에 씻은 다음 껍질을 벗겨내 식품건조기에 넣고 사과껍질을 바싹 말린다.
2 마른 팬에 3년 천일염을 넣고 약한 불에서 10분 정도 볶아낸 뒤 식힌다.
3 분쇄기에 말린 사과껍질과 볶은 천일염을 함께 넣어 곱게 갈아준다.
4 열탕 소독한 병에 ③의 사과껍질소금을 담고 건조한 실온에서 보관한다.

이 보 은 의 세 번 째 요 리 이 야 기

한입

달아난 입맛 꽉 잡아주는

조개젓 한입

덥다 더워하니 입맛까지 길을 잃었습니다.
이럴 때는 친정 할머님이 생각납니다. 예전 할머님은 여름이 되면
무덥다며 새우젓 고소하게 무친 것 하나에 찬물에 밥을 말아
뚝딱 한끼를 드셨습니다. 어린 시절에는 그 맛이 도대체 어떠하기에
저렇게 맛없게 드시나 했습니다. 나이를 먹고 세월이 지나고 보니,
새우젓의 독특한 향과 함께 조물조물 양념에 무쳐진 그 반가운 고소함이
어쩌면 입맛을 살리는 최적의 반찬이 아닌가 싶습니다.
이처럼 집나간 입맛을 살리는 최고의 여름찬에는 무엇이 있을까 곰곰이 생각해보며
집 근처 재래시장에 갔습니다. 재래시장에 도착하니 노상 할머니께서
조개껍질을 벗겨낸 통통한 조갯살을 쌓아 놓았더라고요. 날씨가 너무 무더워서
빨리 팔지 않으면 상하겠다 싶었는데 할머니께서 조갯살 그릇 아래에 두꺼운
얼음을 깔아 놓고 싱싱한 상태로 판매를 하셨습니다. 그래서 한 대접 사왔지요.
조개젓은 초여름에 담그는 것이 가장 맛있거든요.
젓갈의 역사를 보면 조개젓은 신석기시대부터 먹었던 것으로,
가장 오래된 젓갈이라고 하더라고요. 바지락, 대합, 모시조개 등 살만 발라서
푹 삭힌 후에 조금씩 꺼내서 양념해 먹는 그 짭쪼롬하고 꼬순 감칠맛에
그때부터 반했던 걸까요. 이제 그때의 그 맛을 생각하면서 조갯살로
한입 요리를 만들어 볼게요.

우선 조갯살을 소금물에서 한 번 헹궈 건진 후에 물기를 쭉 뺐어요.
소금의 양은 조갯살 무게의 20%를 넣어야 잘 삭는데
금방 삭혀 먹으려면 10% 정도만 넣어도 괜찮습니다.
조갯살의 물기를 빼고 나니 400g 정도여서 소금 40g을 훌훌 뿌리고 버무려
다독인 뒤 냉장고에 넣어 10일 정도 두었습니다.
오늘 아침에 조개젓을 꺼내보니 잘 삭아서 오동통한 살집이 노랗게 올랐네요.
체에 몇 숟가락의 조개젓을 담고 흐르는 물에 재빨리 헹궈 물기를 뺐어요.
그래야 짠맛이 없거든요. 그 다음에 청양고추를 얄팍하게 저며 썰고,
마늘 1쪽은 곱게 채 썰고, 고춧가루와 맛술, 매실청을 넣어 양념을 만든 뒤
조개젓을 조물조물 무쳐냅니다.
마지막에 식초 두 방울 정도 넣어 조개젓의 맛을 업그레이드 시켰습니다.
다른 젓갈은 모르지만 조개젓만큼은 식초 두 방울이 조갯살을 탱탱하게 하고
비린 맛을 완전하게 없애주는 효자거든요.
여기에 깨소금 조금, 송송 썬 쪽파 조금을 넣고 버무려서 완성합니다.
뜨거운 밥에 조개젓 한 젓가락 올려 먹으면
저만큼 갔던 집나간 입맛이 냉큼 달려올 만큼 한입 밥도둑입니다.

입맛이 없어도 한끼 한끼 챙겨먹는 소중한 집밥이야말로
건강백세를 약속하는 보증보험이 아닐까 생각합니다.

"든든하게 나를 지탱해주는
한입의 힘!
바로 집밥이 아닐까요?"

없던 입맛도 살려주는
한입 요리

때로는 날씨 때문에,
때로는 스트레스 때문에 입맛을 잃을 때가 있죠?
이럴 때는 달아난 입맛을 꽉 잡아줄 '무언가'가 필요합니다.
숟가락 들 힘만 있어도 먹을 수 있는 '한입 요리'를 만나볼까요?

냉이주먹밥

2인분

주재료	냉이양념	밥양념
냉이 200g	국간장 1작은술	참기름 1큰술
뜨거운 밥 3공기	다진 파 1작은술	깨소금 1큰술
소금 ½작은술	다진 마늘 ½작은술	소금 ¼작은술
연고추냉이 1큰술	참기름 ½큰술	
식용유 ¼작은술		

만들기

1 냉이는 겉잎의 누런 부분을 떼어내고 칼날로 잔뿌리를 긁어내 다듬는다.

2 다듬은 냉이를 쌀뜨물에 담가 흔들어 씻은 뒤 건져내 물기를 턴다.

3 끓는 물에 소금과 식용유를 넣고 ②의 냉이를 넣어 살짝 데쳐낸 뒤 곧바로 찬물에 헹군다. 그런 다음 냉이를 건져내 물기를 꼭 짠다.

4 데친 냉이는 1㎝ 길이로 잘게 썰어 볼에 담은 뒤 냉이양념 재료를 넣어 조물조물 무친다.

5 볼에 뜨거운 밥을 담고 밥양념 재료를 넣어 양념한다. 고명으로 얹을 냉이무침을 제외한 냉이무침을 모두 넣어 함께 버무린다.

6 ⑤의 밥을 손에 적당히 쥐고 원통형 모양으로 빚은 뒤 가운데를 엄지손가락으로 꾹 눌러 깊이를 둔다. 그곳에 조금 남겼던 냉이무침을 얹고 연고추냉이를 조금 발라서 접시에 담는다.

이보은의 맛

초록 냉이의 비법은 소금과 식용유!

냉이를 무침으로 먹을 때 초록의 싱그러운 윤기가 그대로 살아있으면 더 맛있겠죠? 그러려면 냉이를 데치는 물과 시간이 중요해요. 냉이를 데칠 물이 끓으면 소금과 식용유를 넣으세요. 그리고 냉이를 넣은 다음 숫자 10을 세고 뒤집은 뒤 다시 10을 세고 건져내면 냉이의 푸른색이 살아난답니다. 냉이를 너무 빨리 꺼내면 냉이가 억세어 맛이 없고 너무 늦게 꺼내면 냉이가 늘어져 향이 없어지니까 시간을 꼭 기억하세요.

삶은달걀새발나물
샐러드

2인분

주재료	레몬오일드레싱
새발나물 150g	올리브오일 2큰술
달걀 3개	레몬즙 3큰술
토마토 1개	꿀 1큰술
소금 약간	소금 약간
식초 약간	

만들기

1 옅은 소금물에 새발나물을 씻은 뒤 식초 몇 방울 넣은 얼음물에 넣고 헹궈 물기를 턴다.

2 끓는 물에 달걀을 넣고 소금과 식초를 조금씩 첨가해 삶는다. 물이 끓고 나서 7분 정도 지나면 달걀을 꺼낸다.

3 삶은 달걀은 껍질이 잘 벗겨지도록 찬물에서 충분히 헹궈 열기를 뺀다. 삶은 달걀의 껍질을 벗기고 가로로 2등분한다. 토마토는 세로로 6등분한다.

4 올리브오일에 레몬즙과 꿀을 넣어 잘 섞은 뒤 소금으로 간을 해서 레몬오일드레싱을 만든다.

5 접시에 새발나물과 삶은 달걀, 토마토를 넣고 ④의 레몬오일드레싱을 뿌려 완성한다.

이보은의

맛

얼음과 식초로 아삭한 식감을!

나물을 먹을 때 색은 초록빛을 띠고 식감은 아삭아삭해야 맛있잖아요. 그래서 나물을 마지막으로 헹구는 물에 '이것'만 넣으세요. 그건 바로 '얼음'과 '식초'랍니다. 얼음과 식초를 넣고 나물을 헹구면 아삭한 식감과 싱그러운 초록색이 살아나요.

7분 땡~ 하면 꺼내주세요!

삶은 달걀을 먹을 때 완숙을 좋아하는 사람도 있고, 반숙을 좋아하는 사람도 있지요? 달걀의 삶은 정도는 사람들마다 다르잖아요. 내 입맛에 딱 맞는 삶은 달걀을 먹고 싶다면 시계를 꼭 챙기세요. 물이 끓고 나서 5분 정도 지나면 흐르는 반숙, 7분이면 가운데 부분이 반숙이 돼요. 그리고 12분에서 14분 정도 있으면 완숙이랍니다.

5분

7분

12~14분

달걀말이밥

2인분

주재료

달걀 2개
송송 썬 쪽파 2큰술
소금 약간
뜨거운 밥 1½공기
깨소금 1큰술
참기름 1큰술

만들기

1 달걀은 곱게 풀어서 체에 내린다. 약간의 소금으로 간을 하고 송송 썬 쪽파를 넣어 잘 섞는다.

2 뜨거운 밥에 깨소금과 참기름을 잘 섞어준다. 양념한 밥은 한입 크기로 한 숟가락씩 떠서 뭉친다.

3 뜨겁게 달군 팬에 기름을 조금 두르고 ①의 달걀옷을 한 숟가락 떠서 길게 놓고 ②의 밥을 올린 뒤 돌돌 말아서 말이밥을 완성한다.

미숫가루 넣은
양파스프

2인분

주재료

햇양파 1개
무염버터 2큰술
생수 2컵
미숫가루 4큰술
저지방우유 2컵
소금 약간

만들기

1 햇양파는 껍질을 벗긴 뒤 곱게 채 썬다.

2 냄비에 무염버터를 녹인 후 채 썬 양파를 넣고 갈색이 되도록 볶는다.

3 ②의 냄비에 생수를 조금씩 부은 뒤 미숫가루를 넣고 덩어리지지
않도록 풀어서 끓인다.

4 불을 아주 약하게 줄이고 저지방우유를 조금씩 부으면서 끓여 걸쭉
한 상태의 스프를 만든다. 간은 소금으로 한다.

묵구이샐러드

2인분

주재료	토속양념장
도토리묵 ½모	간장 1½큰술
상추 3장	고운 고춧가루 1작은술
깻잎 2장	매실청 1작은술
오이 ⅓개	참기름 1작은술
	깨소금 1큰술

만들기

1 도토리묵은 사방 2㎝ 크기로 썬 다음 팬에 기름을 아주 조금 두르고 노릇하게 구워낸다.

2 상추와 깻잎은 씻어서 손으로 대강 뜯고 오이는 동그랗게 편 썰기 한다.

3 토속양념장 재료를 한데 넣어 섞는다.

4 상에 내기 직전에 상추, 깻잎, 오이, 구운 도토리묵에 양념장을 버무려 그릇에 담는다.

명란 넣은 구운 삼각밥

2인분

주재료

뜨거운 밥 4공기
백명란 100g
참기름 1큰술
깨소금 1큰술
도시락 조미김 5장
송송 썬 쪽파 1큰술

만들기

1 백명란을 도마 위에 놓고 칼집을 내 벌린 다음 껍질 안의 알만 숟가락으로 긁어낸다.

2 뜨거운 밥에 ①의 명란알과 참기름, 깨소금을 넣고 자르듯이 버무린다.

3 잘 버무려진 밥을 삼각형 모양으로 만든다.

4 도시락 조미김은 가늘게 가위로 자른다.

5 뜨겁게 달군 팬에 ③의 명란 삼각밥을 굽는다. 처음에는 센 불에서 앞뒤로 굽다가 겉면이 어느 정도 익으면 약한 불에서 은근하게 구워서 노릇하게 만든다.

6 접시에 구운 삼각밥을 놓고 자른 김과 송송 썬 쪽파를 올려 모양을 낸다.

백명란은 부서졌어도 맛은 똑같아요!

마트나 시장에 가면 백명란 파지를 판매하는데요. 백명란 파지상품
은 명란이 잘라지거나 부서져 모양이 온전하지 않은 것들을 모은 상
품이라서 온전한 상품보다 가격이 저렴해요. 그래서 명란달걀찜, 명
란 넣은 알탕, 명란볶음 등 명란의 모양을 그대로 유지하지 않아도
되는 요리라면 파지상품을 구입해서 조리하는 게 이득이랍니다.

한입

당근솥밥으로 빚은
주먹밥

2인분

주재료	약고추장
당근 1개	다진 쇠고기 100g
쌀 2컵	고추장 1컵
수수 ½컵	다진 마늘 1큰술
들기름 1큰술	참기름 1큰술
국간장 1작은술	쌀조청 5큰술
다시마 우린 물 2¾컵	잣 2큰술

만들기

1 당근은 껍질째 얇게 슬라이스 해서 곱게 채 썬다. 당근을 곱게 채 썰수록 당근밥 맛이 좋아진다.

2 쌀은 깨끗하게 씻어서 찬물에 30분 정도 담갔다가 건져내 체에 밭쳐 30분을 더 불린다. 수수는 붉은 물이 나오지 않을 때까지 씻어서 물에 담가 30분 정도 불린다.

3 냄비에 들기름과 국간장을 넣고 당근을 넣어 볶는다. 당근이 어느 정도 익으면 쌀과 수수를 같이 넣어 함께 볶는다.

4 ③의 냄비에 다시마 우린 물을 붓고 밥물을 잡는다. 냄비의 뚜껑을 덮고 센 불에서 밥을 짓는다. 당근솥밥의 밥물이 잦아들면 불을 약하게 줄이고 10분 정도 뜸 들인다.

5 밥을 짓는 동안 약고추장을 만든다. 우선 팬에 참기름과 다진 마늘을 넣고 다진 쇠고기를 볶는다.

6 ⑤의 팬에 고추장을 넣은 뒤 약한 불에서 볶는다. 고기와 고추장이 어우러지게 볶아지면 쌀조청과 잣을 넣고 볶아 약고추장을 완성한다.

7 당근솥밥의 밥을 위아래 고슬하게 퍼서 한 김 식힌 뒤 주먹밥을 만든다. 그릇에 주먹밥을 담고 준비한 약고추장을 올린다.

당근과 약고추장은 찰떡궁합!

약고추장 하나만 있으면 당근을 이용한 모든 요리가 가능하다는 사실, 알고 계시나요? 당근을 데쳐서 약고추장에 버무린 뒤 참기름만 살짝 뿌려 먹어도 맛있고요. 채 썬 당근과 약고추장을 섞어서 상추나 깻잎 등을 넣어 겉절이로 버무려 먹어도 일품이에요. 아니면 채 소스틱으로 만든 당근을 약고추장에 그냥 찍어먹기만 해도 맛있답니다. 그리고 먹다 남은 약고추장은 냉장 보관하세요.

채 썬 당근은 얼음물에 퐁당~

당근을 싱싱하게 먹는 방법을 아시나요? 바로 얼음물에 헹구는 거예요. 채 썬 당근을 얼음물에 헹구는 것만으로도 싱싱하고 달달한 당근을 먹을 수 있어요.

치즈 녹인 해시브라운

2인분

주재료	소이마요소스
감자 3개	간장 1작은술
슬라이스 체다치즈 2장	마요네즈 3큰술
송송 썬 쪽파 1큰술	흰 후춧가루 약간

만들기

1 감자는 껍질을 벗겨서 얄팍하게 슬라이스 한다.

2 팬에 물을 조금 부어 끓이다 ①의 감자를 평편하게 넣어 끓이면서 익힌다.

3 물이 거의 졸아들고 감자가 익혀지면 불을 세게 조절해서 수분을 날려준다.

4 감자를 숟가락으로 대강 으깨주면서 불을 약하게 줄이고 치즈를 올려 녹인다.

5 소이마요소스 재료를 모두 섞는다.

6 접시에 치즈 녹인 해시브라운을 올린 뒤 소이마요소스를 뿌리고 송송 썬 쪽파를 얹어 완성한다.

누룽지깨죽

2인분

주재료

현미누룽지 100g
생수 3컵
국간장 1작은술
깻가루 3큰술

만들기

1   시판 현미누룽지를 냄비에 잘게 부숴 넣고, 생수 3컵을 부어 끓인다.

2   ①의 냄비에 국간장을 넣어 끓이면서 누룽지가 잘 퍼지도록 불을
    약하게 조절하여 은근하게 더 끓인다.

3   뭉근하게 누룽지가 퍼져 죽이 만들어지면 깻가루를 넣고 한소끔
    끓여 완성한다.

참치 넣은
무스비

2인분

주재료

참치 통조림 ½컵
스팸 150g
뜨거운 밥 2공기
깻잎 6장
김 4장

만들기

1 참치는 체에 밭쳐 기름을 빼고 뜨거운 팬에 볶아 고슬하게 한다.

2 스팸은 0.5㎝ 두께로 슬라이스 하고, 팬에서 노릇하게 구워낸다.

3 깻잎은 씻어서 반을 가른다. 김은 마른 팬에 살짝 구운 후 3등분한다.

4 스팸통에 랩을 깔고 뜨거운 밥을 1㎝ 두께로 평편하게 놓은 후 깻잎, 스팸, 참치, 깻잎 순으로 얹고 다시 밥을 1㎝ 두께로 평편하게 올려놓는다. 그리고 랩으로 눌러 단단하게 한다.

5 ④의 스팸통에서 밥을 꺼내 랩을 벗긴 후 김에 올려 돌돌 말아 무스비를 만든다. 고정이 되면 먹기 좋은 크기로 썰어 완성한다.

슬라이스 토마토 어니언구이

2인분

주재료

토마토 2개
양파 1개
달걀 2개
올리브오일 3큰술
소금 약간
후춧가루 약간

만들기

1 토마토는 완숙된 것으로 준비해 1㎝ 두께로 도톰하게 슬라이스 한다.

2 양파도 토마토처럼 가로로 슬라이스 한다.

3 달걀은 알끈을 제거하고 체에 내려 달걀옷을 만든 뒤 소금, 후춧가루로 간을 한다.

4 팬에 올리브오일을 두르고 양파를 먼저 굽다가 토마토를 넣어 구운 뒤 접시에 담는다.

5 ④의 팬에 달걀옷을 부어 스크램블을 만든다.

6 구운 토마토와 양파를 담은 접시에 달걀스크램블을 얹어 낸다.

다이어트식
배추숙쌈

2인분

주재료

알배추 200g
브로콜리 100g
연근 100g
달걀 2개
양배추만능쌈장 약간

만들기

1 알배추는 한 잎씩 떼어 흐르는 물에 씻은 뒤 물기를 턴다.

2 브로콜리는 작은 송이로 떼고 연근은 껍질을 벗겨서 1㎝ 두께로
슬라이스 한다.

3 찜기에 김이 오르면 연근을 밑에 깔고 알배추와 브로콜리를 올려
놓은 뒤 3~4분 정도 쪄낸다.

4 달걀은 완숙으로 삶아 4등분한다.

5 나른하게 찐 알배추에 연근, 브로콜리, 달걀을 놓고 양배추만능
쌈장을 곁들여서 쌈을 싸서 먹는다.

양배추만능쌈장

배추숙쌈

양배추만능쌈장으로 요리를 쉽고 빠르게!

양배추만능쌈장 하나만 있으면 다양한 요리를 쉽고 빠르게 할 수 있어요. 멸치로 끓여 낸 국물에 양배추만능쌈장 두 숟가락만 넣은 뒤 애호박과 두부를 넣고 끓이면 훌륭한 된장찌개가 되고요. 그릇에 밥과 각종 채소를 담은 뒤 양배추만능쌈장 한 숟가락을 넣고 비비면 간단한 한 끼 식사로 제격이에요. 곰취 등 향이 나는 나물을 데친 후에 물기를 꼭 짜고 양배추만능쌈장 한 숟가락을 넣고 버무려서 참기름을 조금 넣으면 아주 맛있는 나물반찬이 순식간에 완성된답니다.

주재료

양배추 ¼통
양파 1개
대파 2대
청양고추 2개
두부 ½모
쇠고기 200g
(차돌양지머리)
된장 1컵
쌀뜨물 1컵
매실청 3큰술

쇠고기양념

다진 마늘 1작은술
들기름 1큰술
간장 1작은술

만들기

1 양배추는 한 겹씩 벗겨 깨끗하게 씻은 뒤 물기를 털고 사방 1cm 크기로 잘게 썬다. 양배추를 작게 썰면 양배추를 볶을 때 고유의 단맛이 흘러나와 된장의 짠맛을 보완해 준다.

2 양파와 대파는 양배추 크기로 잘게 썬다. 청양고추도 잘게 썬다.

3 두부는 씻어서 물기를 닦고 도마 위에 올려 칼날로 으깬다. 그리고 물기를 꼭 짜서 준비한다.

4 쇠고기는 차돌양지로 준비해 잘게 다진 뒤 쇠고기 양념 재료를 넣어 조물조물 무쳐 밑간한다. 차돌양지는 지방분이 풍부하고 고기의 육질이 쫄깃해서 쌈장에 넣으면 중간 중간 씹히는 식감이 좋아진다. 그리고 들기름에 무쳐서 볶으면 고기가 더욱 부드러워진다.

5 냄비에 쇠고기를 넣고 볶다가 양파와 양배추, 대파, 두부를 넣어 볶는다.

6 ⑤의 냄비에 된장을 넣어 버무린 뒤 쌀뜨물을 붓고 끓인다. 물이 끓으면 매실청을 넣고 볶아 바특하게 쌈장을 만든다.

☑ 보관방법

차게 식힌 양배추만능쌈장은 밀폐용기에 담아 냉장 보관하시면 돼요. 양이 많으면 중간에 꺼내어 한 번 더 끓여 식힌 뒤 냉장고에 보관하세요. 그러면 너끈하게 20일 이상은 보관할 수 있어요.

오븐에 구운 꿀가래떡

2인분

주재료	유자꿀
가래떡(30cm) 1개	꿀 2큰술 유자청 2큰술

만들기

1 가래떡은 대나무꼬치 길이에 맞춰 적당하게 나눠 썬다.

2 꼬치에 가래떡을 꿰고 끝부분에 은박지를 감아 손잡이를 만든다.

3 꿀에 유자청을 섞어 유자꿀을 만든다.

4 가래떡에 유자꿀을 고루 펴 바르고 미리 예열한 200도의 오븐에 10분 정도 구워낸다.

이 보 은 의 네 번 째 요 리 이 야 기

한상

콩 하나만 넣었을 뿐인데

건강 한상이 짠~

가장 맛있는 밥을 꼽으라면 금방 도정한 햅쌀을
윤기 자르르 흐르도록 묵직한 가마솥에서 포슬포슬하게 뜸 들여
단맛 듬뿍 나도록 지은 밥이지요. 그냥 한 숟가락만 먹어도 씹을수록 나는 단맛은
입 안 한가득 화사한 꽃을 피웁니다. 연신 흰쌀밥을 뜨겁게 듬뿍 퍼서
오들오들 무친 오이지 한 젓가락을 올려 먹으면 그 맛이 진정한 밥맛이라지요.
참 달디 달아요!

요즘은 건강 챙기느라 현미에 각종 잡곡을 섞은 혼식을 먹지만
가끔은 흰쌀밥의 단내를 먹고 싶을 때도 있어요. 그렇지요?
어떤 사람들은 그냥 흰밥이 싱겁다고 콩을 넣어 먹기도 하는데요.
밥에 넣어 먹는 콩류 중에 호랑이콩이라고 있어요.
울타리콩의 일종인데 엄밀히 말하면 초여름에 수확했으니
무늬 강낭콩이 맞답니다.

울타리콩은 사포닌이 풍부하고 신진대사를 촉진시켜주는 역할을 한다죠.
타임지 선정 세계 10대 슈퍼푸드라니 더 챙겨 먹어야겠어요.
콩깍지의 색이 보랏빛으로 진한 것은 익어서 콩이 된 것이고,
붉은 빛을 띠고 속살이 흰 것은 풋콩이랍니다.
풋콩은 달달해서 밥에 올려 먹기에 딱 좋아요.
그리고 샐러드나 앙금내기, 떡의 소 등으로 다양하게 쓸 수 있지요.
울타리콩은 다른 콩들과 달리 풋콩일 때 가장 맛이 달고 폭신한 단내가 난다해서
밤콩이라고도 불립니다. 진한 단맛을 내는 것 외에도 울타리콩은
영양학적으로도 좋은 점이 많아요. 고단백이라 성장기 아이들에게 더욱 좋으며
콩 중에서 가장 항암효능이 좋다고 알려져 있지요.
워낙 포만감이 커서 다이어트를 하는 여성분들에게 밥에 넣어 먹기를
권하고 싶습니다.

이런 다재다능한 콩을 어디서 구하냐고요?
시장에 나가보면 껍질째 판매하고 있어요. 껍질을 벗겨 속의 콩만
한 번 먹을 분량씩 소포장해서 밀폐용기에 담아 냉동시키면
1년 내내 두고두고 쓸 수 있답니다.

울타리콩을 넣고 지은 하얀 가마솥밥에
금방 무친 오이지, 노릇하게 구운 조기 한 마리, 짭조름한 양파장아찌까지
든든한 한상을 상상해 보세요.
밥한술 뜨고 나면 이것이야 말로 진미요, 일미라 할 수 있겠지요?

"주부님들! 애쓰지 마세요.
영양 듬뿍 담긴 매일의 한상이
바로 여기 있잖아요."

내 몸을 살리는
보은의 한상 요리

아침 먹으면 점심 걱정, 점심 먹으면 저녁 걱정!
상을 치우면 다음 상엔 무얼 올리나 걱정이 태산입니다.
이런 걱정을 한 번에 날려줄 '한상 요리'를 만나볼까요?

냉이버섯국
밥상

고등어구이와 달래무침

냉이버섯국

냉이버섯국

2인분

주재료

냉이 150g
말린 표고버섯 4장
이보은의 내림된장 3큰술
대파 ½개
표고버섯 우린 물 4컵

만들기

1 냉이는 겉잎의 누런 부분을 떼어내고 칼날로 잔뿌리를 긁어내 다
  듬은 다음, 쌀뜨물에 담가 흔들어서 씻은 뒤 물기를 털어낸다.

2 말린 표고버섯은 흐르는 물에 씻어 볼에 넣고, 생수를 부어 30분
  정도 담가 불린다. 불린 표고버섯은 잘게 채 썰고, 표고버섯 우린
  물은 별도로 보관한다.

3 냄비에 표고버섯 우린 물을 붓고 이보은의 내림된장을 넣어 끓인
  다. 물이 끓으면 채 썬 표고버섯을 넣는다.

4 국물에 버섯의 맛이 배면 냉이와 대파를 송송 썰어서 넣고 한소
  끔 끓여 그릇에 담아낸다.

만능
양념장

된장 요리는 '내림된장' 하나로 휘뚜루마뚜루

이보은의 내림된장은 어머니의 어머니, 그 어머니로부터 대대로 내려오는 된장양념
비법이에요. 전통 된장은 짠맛이 강해 혼자 음식에 사용하지 않고 다른 재료와 함께
버무려 요리하잖아요. 그래서 된장과 잘 어울리는 채소들을 선별해 완성된 게 바로
이보은의 내림된장이랍니다. 집 냉장고에 내림된장 하나만 있으면 나물무침, 된장
찌개, 된장구이, 된장절임, 된장찜, 된장국 등 다양한 된장 요리를 쉽고 빠르게 만들
어낼 수 있어요.

주재료

된장 2컵
양파 2개
쌀뜨물 2컵
무 200g
마늘 2쪽
대파 2개
꿀 2큰술

만들기

1 된장은 쌀뜨물에 풀어서 냄비 또는 뚝배기에 담고 끓인다.

2 무는 사방 2㎝ 크기로 납작하게 썰고, 양파도 납작하게 썬다. 마늘은 굵게 다지고 대파는 잘게 썬다.

3 ①의 된장물에 ②의 채소를 넣어 끓인다. 물이 끓으면 꿀을 넣어 감칠맛을 살려준다.

4 내림된장이 걸쭉하게 끓으면 불에서 내려 차게 식힌다.

☑ 보관방법

내림된장 양념은 한 번 만들어 놓으면 냉장고에서 보통 2주 정도 보관할 수 있어요. 만약 양이 많으면 중간에 한 번 정도 더 끓였다가 식혀 냉장고에 넣어두면 수분이 생기지 않고 방부효과를 충분하게 내기 때문에 상하지 않고 더 오래 보관할 수 있답니다.

이보은의
맛

말린 표고버섯 우린 물만 있으면 국물요리도 초간단!

바쁜 시간에 국물요리의 국물을 매번 만들어 사용하면 번거롭잖아
요. 이럴 때는 미리 만들어 두고 사용하면 간편해요. 그리고 말린 표
고버섯 우린 물은 맛이 깊고 좋아서 국물요리의 국물로 안성맞춤이
랍니다. 만약 표고버섯을 빠르게 불리고 싶으면 미지근한 물에 담그
면 돼요.

고등어구이와 달래무침

주재료	달래무침양념
고등어살 2쪽	고춧가루 ½작은술
달래 200g	간장 1½큰술
소금 약간	다진 파 1큰술
	다진 마늘 ½작은술
	맛술 2큰술
	올리고당 1작은술
	참기름 1큰술
	깨소금 1큰술

만들기

1 고등어는 살만 발라내 판매하는 살고등어로 구입해서 약간의 소금을 뿌려 밑간한다.

2 달래는 다듬어 씻은 뒤 송송 잘게 썬다.

3 팬에 기름을 조금 두르고 ①의 고등어를 노릇하게 구워낸다.

4 달래무침양념 재료를 한데 모아 섞은 뒤 달래를 넣어 버무린다.

5 구운 고등어를 접시에 담고 달래무침을 얹어 낸다.

두릅솥밥
한상

양배추찜

두릅솥밥

김치양념장

두릅솥밥

2인분

주재료

두릅 200g
쌀 1컵
생수 1½컵
들기름 1큰술
국간장 1작은술
소금 약간

만들기

1 두릅은 밑동을 자르고 다듬어 씻는다. 끓는 물에 약간의 소금을 넣고 두릅을 살짝 데쳐낸 뒤 찬물에 헹궈 건진다. 건져낸 두릅은 잘게 썬다.

2 쌀은 깨끗하게 씻어 물에 담가 30분 정도 불린 뒤 체에 밭친다. 그 위에 젖은 면포를 덮고 30분을 더 불린다.

3 냄비에 들기름과 국간장을 두르고 두릅과 쌀을 넣어 볶는다. 다 볶아지면 생수를 붓고 밥을 짓는다.

4 밥물이 끓어오르면 불을 약하게 줄여 8~10분 정도 뜸 들인다.

5 두릅밥이 완성되면 그릇에 퍼 담고 김치양념장을 넣어서 비벼 먹는다.

김치
양념장

주재료

씻은 배추김치 100g, 구운 김 3장, 간장 4큰술, 다시마 우린 물 4큰술,
맛술 2큰술, 매실청 2큰술, 참기름 1큰술, 깻가루 1큰술

만들기

1 씻은 배추김치는 송송 잘게 썬다.

2 구운 김은 비닐에 넣고 잘게 부순다.

3 볼에 간장과 다시마 우린 물을 붓고 맛술, 매실청, 참
기름, 깻가루를 넣어 잘 섞는다.

4 ③의 볼에 배추김치와 김을 넣은 다음 잘 섞어서 양념
장을 완성한다.

양배추찜

주재료

양배추 ¼통, 식초 약간

만들기

1 양배추는 심지 부분을 도려내고 흐르는 물에 씻는다.

2 볼에 물을 담고 식초 몇 방울을 떨어뜨린 뒤 양배추를
잠시 담갔다가 건져내 물기를 턴다.

3 내열용기에 양배추를 적당하게 펼쳐서 담고 물 스프레
이를 몇 번 뿌린다.

4 내열용기에 랩을 씌우고 구멍을 조금 낸 뒤 전자레인지
에서 4분 동안 가열했다 꺼낸다.

김치술국 밥상

김치술국

진미채볶음

마늘종고추장무침

김치술국

주재료

배추김치 200g

콩나물 100g

대파 1대

김치국물 ½컵

시판 국물 다시팩 1봉지

쌀뜨물 6컵

국간장 1큰술

다진 마늘 1큰술

달걀 2개

소금 약간

만들기

1 배추김치는 국물을 짜내고 가로로 채 썬다.

2 콩나물은 씻어 물기를 턴다. 대파는 어슷하게 편 썰기 한다.

3 냄비에 쌀뜨물을 붓고 시판 국물 다시팩을 넣어 30분 정도 끓인다. 국물이 완성되면 다시팩을 꺼낸다.

4 ③의 냄비에 콩나물, 배추김치, 다진 마늘, 국간장, 김치국물을 넣고 뚜껑을 연 채로 끓인다.

5 콩나물이 익어서 나른해지면 달걀을 곱게 풀어 줄알을 친다. 소금으로 모자라는 간을 맞춰 그릇에 담아낸다.

마늘종 고추장무침

주재료

마늘종 200g,
소금 약간

고추장양념

고추장 3큰술, 올리고당 1½큰술,
참기름 1작은술, 깨소금 약간

만들기

1 마늘종은 3㎝ 길이로 썬다.

2 끓는 물에 소금을 조금 넣고 마늘종을 데쳐 낸 뒤 찬
물에 헹궈 건진다.

3 볼에 고추장과 올리고당, 참기름을 잘 섞은 뒤 데친
마늘종과 깨소금을 넣어 무친다.

진미채 볶음

주재료

진미채 150g, 맛술 3큰술,
송송 썬 쪽파 3큰술,
통깨 1큰술

볶음양념장

간장 2큰술, 다진 마늘 1큰술,
설탕 1큰술, 올리고당 1작은술

만들기

1 진미채는 물로 재빨리 씻은 뒤 물기를 닦아내고, 맛술
을 넣어 조물조물 무쳐 밑간한다.

2 냄비에 밑간한 진미채를 먼저 넣고 볶는다. 진미채가
통통하게 볶아지면 간장, 다진 마늘, 설탕을 넣어 볶
다가 불에서 내려 올리고당을 넣어 버무린다.

3 ②의 냄비에 송송 썬 쪽파와 통깨를 뿌려 마무리한다.

쑥한입밥 한상

무장아찌

자반무침

쑥한입밥

쑥한입밥

4인분

주재료

쑥 150g
뜨거운 밥 4공기
참기름 2큰술
국간장 1작은술
소금 약간
깻가루 3큰술

만들기

1 끓는 물에 소금을 약간 넣어 쑥을 살짝 데쳐낸 뒤 찬물에 헹궈 물기를 꼭 짠다.

2 쑥에 참기름과 국간장을 조금 덜어 조물조물 무친다.

3 뜨거운 밥에 참기름을 넣고 ②의 쑥을 넣어 버무린 뒤 작은 사이즈의 한입밥을 만든다.

4 한입밥에 깻가루를 조금씩 묻혀 접시에 담아낸다.

자반무침

주재료

파래자반 200g

무침양념장

국간장 2큰술, 진간장 1큰술, 다시마 우린 물 2큰술,
다진 파 1큰술, 다진 마늘 1작은술, 매실청 1큰술,
참기름 1큰술, 깻가루 1큰술

만들기

1 뜨겁게 달군 웍에 파래자반을 손으로 잘게 뜯어 넣은
뒤 볶는다.

2 깻가루를 제외한 무침양념장 재료를 모두 볼에 넣어
섞어준다.

3 ①의 파래를 웍의 한켠으로 밀어 놓고 ②의 무침양념
장을 넣어 지글지글 끓인다. 양념장이 끓으면 파래를
섞어서 약한 불에서 볶듯이 무친다.

4 파래자반에 깻가루를 넣고 버무려 완성한다.

무장아찌

주재료

무장아찌 200g, 다진 파 1큰술, 다진 마늘 1작은술, 참기름 1큰술,
깻가루 1큰술, 올리고당 1작은술

만들기

1 소금에 삭힌 무장아찌는 곱게 채 썰어 찬물에 여러 번
헹궈 물기를 꼭 짠다.

2 ①의 무에 나머지 재료를 모두 넣어 조물조물 무친다.

같은 듯 다른 재료, 깻가루와 깨소금

보통 통깨에 소금을 약간 넣고 갈아서 쓰는 양념을 깨소금이라고 하죠? 깨소금은 고소한 맛을 낼 때 주로 사용하는데요. 깨소금보다 더 고소한 맛을 내고 싶을 때는 통깨만 곱게 빻아서 가루를 낸 깻가루를 사용하면 좋아요. 깻가루를 고명으로 입히면 고소한 풍미가 한층 살아나거든요.

울릉도취묵밥
한상

씻은깍두기볶음

김양념장

울릉도취묵밥

엄마표무국

울릉도취묵밥과 김양념장

2인분

주재료	김양념장
말린 울릉도취 80g	구운 김 3장
말린 도토리묵 50g	간장 4큰술
들기름 1큰술	다시마 우린 물 4큰술
국간장 1큰술	맛술 2큰술
쌀 1컵	송송 썬 쪽파 3큰술
생수 1½컵	매실청 2큰술
	들기름 1큰술
	들깻가루 2큰술

만들기

1 쌀은 충분하게 불려 준비한다.

2 말린 울릉도취는 미지근한 물에 담가 전자레인지에 3분 정도 가열하여 불린다.

3 불린 울릉도취는 냄비에 넣고 물을 부은 후 한소끔 삶는다. 울릉도취가 부드럽게 삶아지면 꺼내서 찬물에 헹궈 건진다. 말린 도토리묵도 울릉도취를 삶아낸 물에 데쳐 부드럽게 불린다.

4 밥솥에 울릉도취와 도토리묵을 담고 국간장과 들기름으로 버무린다. 그 다음 불린 쌀을 넣어 한데 섞은 후 밥물을 잡고 밥을 짓는다.

5 구운 김은 잘게 부순 후 나머지 김양념장 재료를 넣고 잘 버무려 양념장을 만든다.

6 밥이 완성되면 위아래로 분리된 울릉도취와 도토리묵이 고루 섞이도록 해서 그릇에 담고 김양념장을 곁들여 비벼 먹는다.

씻은
깍두기
볶음

주재료

잘 익은 깍두기 2컵, 들기름 1큰술, 다진 마늘 1작은술, 올리고당 1작은술,
생수 ½컵

만들기

1 잘 익은 깍두기는 흐르는 물에 헹궈 양념을 씻어낸 뒤
물기를 뺀다.

2 냄비에 깍두기와 들기름, 다진 마늘을 넣어 볶다가 생
수를 넣고 한소끔 끓이면서 볶는다.

3 나른하게 깍두기가 익혀지면 올리고당을 넣고 버무린
다음 그릇에 담아낸다.

엄마표
무국

주재료

무 200g, 쇠고기(등심) 200g, 대파 ⅓대, 쌀뜨물 6컵, 들기름 1작은술,
다진 마늘 1큰술, 생강즙 1작은술, 국간장 2큰술, 소금 약간

만들기

1 무는 껍질째 나박나박하게 썰고 쇠고기는 잘게 채 썬다.

2 냄비에 들기름을 두르고 국간장과 다진 마늘, 무, 쇠
고기를 넣어 오래 볶다가 쌀뜨물과 생강즙을 붓고 끓
인다. 처음엔 센 불에서 20분 끓인 뒤 약한 불에서 20분
더 끓인다.

3 진한 감칠맛이 우러나는 무국이 만들어지면 소금으로
간하고, 대파를 송송 썰어 넣은 뒤 그릇에 담아낸다.

전자레인지 3분이면 나물 불림 끝!

울릉도취는 부지깽이나물이라고도 하는데요. 봄에 채취해서 삶아
말린 후 그해 겨울이나 다음해 봄에 불려 먹어요. 보통 취나물보다
여릿여릿해서 향이 좋고 먹었을 때의 식감이 뛰어나 시중에서 별식
으로 많이 판매되고 있답니다. 울릉도취를 쉽고 간편하게 불리고 싶
다면 미지근한 물에 담가 전자레인지에서 3분 정도 가열하면 돼요.
이제 말린 취나물 요리도 쉽겠죠?

양지갈비탕
밥상

애호박젓국나물

청포묵
김가루무침

양지갈비탕

양지갈비탕

4인분

주재료	탕국물
쇠고기(양지머리) 300g	대파(흰 부분) 3대
쇠갈비(LA갈비) 600g	양파 1개
송송 썬 대파 1컵	마늘 10쪽
소금 약간	생수 2L
	통후추 10알
	국간장 2큰술
	무 500g

만들기

1 양지머리와 쇠갈비는 찬물에 각각 30분씩 담가 핏물을 뺀다. 끓는 물에 쇠갈비를 데쳐낸 뒤 찬물에 한 번 헹군다.

2 탕국물을 만들기 위해 석쇠 위에 대파 흰 부분과 양파, 마늘을 올리고 센 불에서 적당하게 구워 낸다. 모두 구워지면 베보자기에 담는다.

3 무는 2cm 두께로 썬다.

4 냄비에 생수를 붓고 끓인다. 물이 끓으면 ②의 베보자기를 담그고 통후추와 국간장, 무를 마저 넣고 끓여 탕국물을 완성한다.

5 ④의 냄비에 양지머리와 쇠갈비를 넣고 중간 불에서 30분, 약한 불에서 20분을 끓여 진한 국물을 낸다.

6 양지머리는 건져서 결대로 찢고 무는 건져서 납작하게 썬다.

7 그릇에 ⑥의 무와 양지머리를 담은 뒤 그 위에 쇠갈비를 적당하게 담고 뜨거운 국물을 붓는다. 그 위에 송송 썬 대파를 얹고 모자라는 간은 소금으로 맞춘다.

애호박
젓국나물

주재료

애호박 2개, 들기름 2큰술, 식용유 2작은술, 다진 마늘 1작은술,
새우젓 2큰술, 고춧가루 1½큰술, 쌀뜨물 2컵, 다진 파 1½큰술,
볶은 들깨 1큰술, 국간장 약간

만들기

1 애호박은 세로로 반을 갈라 어슷하게 편 썰기 한다.

2 팬에 들기름과 식용유를 두르고 다진 마늘과 애호박
을 넣어 볶는다.

3 ②의 팬에 새우젓과 고춧가루를 한데 넣고 볶다가 쌀
뜨물을 붓는다. 물이 끓으면 다진 파를 넣어서 한 번
더 볶는다.

4 나른하게 애호박이 볶아지면 볶은 들깨를 넣고 모자
라는 간을 국간장으로 해서 완성한다.

청포묵
김가루
무침

주재료

청포묵 1모,
마른 김 2장

양념장

간장 1½큰술, 다진 파 1큰술, 다진 마늘 1작은술,
참기름 ½큰술, 깨소금 1큰술

만들기

1 청포묵은 1cm 두께, 사방 4cm 크기로 납작하게 썬다.

2 마른 김은 직화로 구워서 잘게 부순다.

3 볼에 묵과 김을 담고 양념장 재료를 모두 넣고 버무려
그릇에 담아낸다.

생채소비빔밥
한상

두부된장국

생채소비빔밥

오이소박이

생채소비빔밥

4인분

주재료	밥양념
뜨거운 밥 4공기	들기름 2큰술
참나물 50g	간장 2큰술
상추 8장	레몬즙 1큰술
깻잎 2장	
오이 ½개	
당근 ¼개	
깨소금 2큰술	

만들기

1 뜨거운 밥에 밥양념 재료를 넣고 버무린다. 4개의 그릇에 양념된 밥을 나눠 담는다.

2 참나물은 2㎝ 길이로 썰고 상추와 깻잎은 굵게 채 썬다.

3 오이와 당근은 아주 곱게 채 썬다.

4 ①의 밥 위에 참나물, 오이, 당근, 상추, 깻잎을 올려서 완성한다. 밥에 양념을 해서 다른 비빔장 없이 채소와 버무려 먹으면 된다.

두부된장국

주재료

두부 ½모
삶은 우거지 200g
대파 ½개
보리새우 2큰술
쌀뜨물 4컵
된장 3큰술
국간장 약간

만들기

1 두부는 사방 1㎝ 크기로 썬다.

2 삶은 우거지는 물에 헹궈 물기를 꼭 짠 후에 송송 잘게 썬다. 대파는 굵게 어슷썰기 한다.

3 냄비에 보리새우를 넣고 볶다가 비린 맛이 없어지면 쌀뜨물을 붓고 된장을 풀어 끓인다.

4 ③의 냄비에 삶은 우거지와 대파를 넣고, 국간장으로 간을 맞춰 은근하게 끓인다.

5 ④의 냄비에 두부를 넣어 한소끔 끓인 다음 그릇에 담아낸다.

오이소박이

주재료	양념장
백오이 10개	찬밥 한 숟가락
뜨거운 물 10컵	빨간색 물고추 4개
얼음 물 10컵	고춧가루 ½컵
곱게 간 천일염 ½컵	마늘 8쪽
생수 3컵	생강 ¼톨
부추 150g	까나리액젓 2큰술
당근 ⅓개	매실청 5큰술
햇양파 1개	오이절임물 2컵
쪽파 10대	소금 약간

만들기

1 오이는 흐르는 물에 씻어 물기를 뺀다.

2 씻은 오이는 채반에 올린 뒤 팔팔 끓는 물을 끼얹고 곧바로 얼음 물에 담가 식힌다.

3 물기를 뺀 오이는 4등분 또는 3등분 한다. 끝에 1㎝ 부분만 남기고 세로로 4등분 칼집을 낸다.

4 곱게 간 천일염을 생수에 녹인 후 오이에 부어 30분 정도 절인다. 절이는 중간에 위아래를 바꿔준다.

5 절인 오이는 물만 따라내고 씻지 않은 채 바로 양념한다. 오이의 단맛이 빠져나온 오이절임물은 양념장에 사용하도록 따로 받아 놓는다.

6 부추는 1㎝ 길이로 썰고 한줌 정도 따로 보관한다. 쪽파는 송송 잘게 썬다. 햇양파는 부추의 반 정도 크기로 잘게 썬다. 당근도 잘게 썬다.

7 믹서에 찬밥을 그득하게 한 숟가락 넣고 물고추를 적당하게 썰어 넣은 뒤 고춧가루, 마늘, 생강, 액젓, 매실청, 오이절임물을 붓고 곱게 갈아 양념장을 만든다.

8 ⑦의 양념장을 볼에 담고 부추와 양파, 당근을 넣고 잘 섞어 김치 소를 만든 다음 부족한 간은 소금으로 한다.

9 물기가 빠진 오이의 십자 속에 ⑧의 김치 소를 촘촘하게 넣고 밀폐용기에 차곡차곡 담는다.

10 남은 김치 소에 부추 한줌을 버무려서 오이 위에 평편하게 펼쳐 오이가 공기와 접촉이 안 되도록 담는다.

11 실온에서 반나절 이상 익혀 오이가 살짝 익으면 바로 냉장고에 넣어서 보관한다.

이보은의 오이소박이 담그는 비결 5가지

1 오이는 굵은소금에 박박 문질러 씻어야 한다고 생각하셨죠? 하지만 오이소박이 용 오이를 굵은소금으로 문지르면 오이껍질 부분이 상처를 입고 얇아지기 때문 에 김치를 담갔을 때 쉽게 물러져요. 그러니 오이소박이용 백오이는 절대 소금에 문지르지 말고 흐르는 물에만 살살 씻어주세요.

2 피부 마사지를 할 때 뜨거운 타월과 차가운 타월을 번갈아 사용하면 피부에 탄력이 생기잖아요. 오이도 마찬가지예요. 오이를 뜨거운 물과 찬 물에 번갈아가면서 담 그면 껍질에 응집력이 생겨 단단해지고 쫄깃해지거든요. 이처럼 냉온탕 기법으 로 오이 껍질에 응집력이 생기면 오이가 익었을 때 물이 생기는 게 줄어들어요.

3 오이를 절일 때 굵은 천일염을 그대로 뿌리면 일정 시간이 지나도 천일염 알갱이 가 살아 있어요. 그럼 씹는 식감이 좋지 않고 짠맛이 배 자칫 간이 안 맞을 수도 있습니다. 그래서 천일염을 갈아서 물에 녹여 사용하는 게 좋아요. 소금물에 절 이면 오이에 간이 빨리 스며드는 효과도 있답니다.

4 오이소박이의 소를 만들 때 무와 부추, 당근을 한데 넣고 양념하지 마세요. 같이 양념해서 사용하면 비타민C가 파괴되거든요.

5 밀폐용기에 차곡차곡 담은 오이소박이 위에 남은 부추를 김치 소에 버무려 올리 면 오이가 물러지는 것을 방지해 줘요. 부추가 우거지와 같은 역할을 하거든요. 그리고 새콤하게 익힌 국물과 부추는 음식 궁합도 아주 좋답니다.

버섯들깨탕
밥상

꽈리고추조림

가지나물

버섯들깨탕

버섯들깨탕

2인분

주재료

마른 표고버섯 4장
다시마 우린 물 4컵
팽이버섯 1봉지
느타리버섯 200g
들기름 2큰술
국간장 2큰술
들깻가루 5큰술
소금 약간
송송 썬 대파 5큰술

만들기

1 마른 표고버섯은 깨끗하게 씻어서 다시마 우린 물에 담가 불린다. 그러면 국물의 맛이 훨씬 깊고 풍미가 살아난다. 표고버섯이 불면 건져서 굵게 채 썰고 물은 그대로 둔다.

2 팽이버섯은 밑동을 자르고 2등분 한다. 느타리버섯은 굵게 손으로 찢는다.

3 냄비에 들기름과 국간장을 넣고 느타리버섯, 표고버섯, 팽이버섯을 넣어 볶다가 표고버섯과 다시마 우린 물을 붓고 끓인다.

4 버섯의 맛이 충분히 우러나면 들깻가루를 넣고, 소금으로 간을 한다. 그 다음 송송 썬 대파를 넣어 한소끔 끓여 완성한다.

꽈리고추조림

주재료	쇠고기밑간	조림장
꽈리고추 30개	고추장 1큰술	다시마 우린 물 ½컵
쇠고기(등심) 300g	다진 마늘 1작은술	간장 5큰술, 맛술 3큰술
대파 1대	설탕 ½작은술	매실청 3큰술
마늘 10쪽	참기름 1작은술	다진 마늘 1큰술
		생강즙 ⅓작은술
		참기름 1큰술
		올리고당 1큰술
		통깨 1큰술

만들기

1 꽈리고추는 어슷하게 반으로 가른다.

2 쇠고기는 등심으로 준비해서 사방 3㎝ 크기로 큼직하게 썰고 촘촘하게 칼집을 낸다. 쇠고기에 쇠고기밑간 재료를 넣어 조물조물 무친다.

3 대파는 1㎝ 길이로 썰고 마늘은 반만 슬라이스 한다.

4 냄비에 조림장 재료를 모두 넣고 한소끔 끓인다. 조림장이 끓으면 꽈리고추와 대파, 마늘을 넣고 조린다.

5 센 불로 달군 팬에 쇠고기를 넣고 중간 불에서 볶아 어느 정도 익힌다.

6 ④의 꽈리고추에 어느 정도 간이 배면, ⑤의 쇠고기를 넣고 재빨리 볶으면서 조려내 완성한다.

가지나물

주재료	나물양념장
가지 3개	다진 마늘 1작은술
소금 1큰술	진간장 2큰술
생수 2컵	국간장 1작은술
양파 ½개	맛술 2큰술
빨간 파프리카 ½개	다진 파 1큰술
노란 파프리카 ½개	참기름 1큰술
	깻가루 2큰술

만들기

1 가지는 세로로 반을 갈라 길고 어슷하게 편 썰기 한다.

2 볼에 생수를 붓고 소금을 녹여 가지를 담근다. 그리고 전자레인지에 1분 30초만 가열하여 꺼낸 후 찬물에 헹궈 물기를 자근자근 짠다.

3 양파와 파프리카는 곱게 채 썬다.

4 팬에 기름을 조금 두르고 양파와 나물양념장 중 다진 마늘을 먼저 볶는다. 양파가 나른해지면 한켠으로 밀어 놓고 참기름과 깻가루를 제외한 나물양념장 재료를 모두 넣고 끓인다.

5 ④의 팬에 가지를 넣어 재빨리 볶는다. 가지에 양념이 배면 불을 약하게 줄이고 파프리카를 넣은 뒤 참기름, 깻가루를 마저 넣고 버무려서 그릇에 담아낸다.

과육이 부드러운 꽈리고추 손질

꽈리고추는 과육 자체가 부드러워 칼집을 일일이 내지 않아도 간이 충분히 스며들어요. 그래서 크기가 큰 것은 먹기 좋은 크기로 반을 어슷하게 자르거나 가위집을 넣어 주기만 하는 게 좋아요.

*

꽈리고추 맛의 합을 위해 쇠고기에 고추장을 조물조물

매콤하면서 달달한 꽈리고추와 쇠고기의 궁합을 맞추려면 고추장에 조물조물 무치세요. 그러면 꽈리고추와 쇠고기의 맛이 한결 부드럽게 맞아떨어지거든요. 이처럼 조림은 간장 양념이라는 고정관념을 버리고 주재료와 부재료의 합이 이뤄지도록 양념하는 게 필요해요.

*

꼬들꼬들한 가지나물의 비밀

가지를 생으로 익히면 기름도 많이 먹을 뿐 아니라 기름을 많이 먹게 되면 흐물거려 맛이 없어져요. 가지를 익히기 전에 가지를 먼저 소금물에 잠시 담가 전자레인지에서 살짝 익혀주세요. 그런 다음 찬물로 헹궈 물기를 자근자근 짜서 양념에 볶아주면 가지가 흐물대지 않고 꼬들거리는 식감이 살아나요.

이보은표 비빔국수
한상

오이지냉국

연근호두조림

이보은표 비빔국수

이보은표 비빔국수

2인분

주재료	오이무침양념	비빔양념장
소면 300g	참기름 1큰술	매실청 ⅓컵
김치 200g	깨소금 1큰술	김치국물 ½컵
오이 1개	통깨 1큰술	청양고추 4개
완숙달걀 1개	소금 약간	고춧가루 4큰술
		고추장 2큰술
		진간장 2큰술
		마늘 2쪽
		일반식초 2큰술

만들기

1 믹서에 식초를 제외한 비빔양념장 재료를 모두 넣고 곱게 갈아준
 다. 그 다음 식초를 첨가해서 비빔양념장을 만들어 숙성시킨다.

2 김치는 적당하게 채 썬다. 김치는 배추김치, 얼갈이배추김치, 열
 무김치 모두 가능하다.

3 오이는 어슷하게 편 썰기 한 뒤 채 썰고, 오이무침양념 재료와 함
 께 버무려 오이채무침을 만든다.

4 소면은 쫄깃하게 삶아 찬물에 여러 번 헹궈 물기를 뺀다.

5 볼에 소면과 김치를 넣고 ①의 비빔양념장으로 버무려 그릇에 담
 는다. 그 위에 오이채 무침을 듬뿍 올리고, 완숙달걀을 반 슬라이
 스 해서 얹는다.

오이지
냉국

주재료

오이지 3개, 얼음생수 4컵, 송송 썬 쪽파 2큰술, 통깨 ½작은술,
고운 고춧가루 ½작은술

만들기

1 오이지는 씻어서 송송 잘게 편 썰기 한다.

2 큰 볼에 오이지를 담고 얼음생수를 붓는다. 쪽파와 통
   깨, 고운 고춧가루를 넣고 잘 섞어서 완성한다.

연근
호두조림

주재료

연근 200g, 호두 50g,
통깨 ½작은술, 검은깨 ½작은술,
식초 1작은술

조림장

간장 3큰술, 청주 3큰술,
맛술 3큰술, 매실청 2큰술,
다시마 우린 물 3큰술

만들기

1 연근은 껍질을 벗겨 씻은 뒤 0.5㎝ 두께로 슬라이스 한다.

2 끓는 물에 식초를 넣은 뒤 ①의 연근을 살짝 데친 다
   음 찬물에 헹궈 건져내 식힌다.

3 호두는 잘게 썰어 마른 팬에서 한 번 볶아낸다.

4 냄비에 조림장 재료를 모두 넣고 끓인다. 조림장이 끓
   으면 연근을 넣어 조리다가 호두를 넣고 버무려 완성
   한다.

물 없이 만드는 오이지? 이보은의 특허 받은 오이지!

여름철 달아난 입맛을 잡아주는 데는 오이지만한 반찬이 없지요. 오이는 수분이 풍부해 여름철 갈증을 해소시키고 더위를 식히는 데 제격인 채소랍니다. 물 없이 만드는 오이지는 소금물을 여러 번 끓여 붓고 숙성시키는 전통방식의 오이지 담그기 방법의 간편 버전인데요. 일명 이보은의 오이지예요. 그리고 오이지를 밀폐용기에 담그는 것마저도 귀찮다면 김장봉지를 두 겹 겹쳐 그 안에 오이와 소금, 설탕, 식초, 소주를 한 번에 붓고 이틀에 한 번씩 뒤집기만 해도 돼요. 정말 간편하죠?

주재료

백오이 50개
청양고추 8~10개
소주 1병(360ml)
설탕 900ml
소금 450ml
식초 900ml

만들기

1 백오이는 흐르는 물에 대강 씻고 물기를 깨끗하게 닦는다. 청양고추는 세로로 반을 가른다.

2 깊이가 있는 밀폐용기에 오이와 청양고추를 켜켜이 차곡차곡 담는다.

3 오이 위에 설탕과 소금을 뿌려 가면서 담고, 소주와 식초를 붓는다.

4 무거운 누름돌로 눌러 놓고 뚜껑을 덮는다.

5 이틀 후에 오이를 뒤집어 다시 돌로 지그시 눌러 놓기를 3회 정도 반복한다.

6 날씨가 무더울 때에는 5일 정도 밖에서 숙성시키고, 나머지 5일은 냉장고에서 숙성시킨 뒤 먹는다.

충무김밥
한상

넓적깍두기

팽이버섯된장국

오징어숙회 무침

충무김밥

충무김밥

4인분

주재료

뜨거운 밥 4공기
구운 김밥용 김 4장
깨소금 2큰술
참기름 약간

만들기

1 구운 김밥용 김은 세로로 3등분해서 길게 자른 뒤 가로로 2등분
해서 잘라 놓는다.

2 고슬하게 지은 뜨거운 밥에 깨소금을 넣고 버무려 ①의 김에 한
숟가락보다 조금 많이 넣고 돌돌 말아 김밥 모양을 만든다.

3 참기름을 김밥 위에 펴 바른다.

오징어숙회 무침

주재료	무말랭이밑간	무침양념장
오징어 1마리	간장 1큰술	고운 고춧가루 4큰술
사각어묵 2장	맛술 2큰술	간장 2큰술
무말랭이 50g		참치액 1작은술
대파 1개		맛술 2큰술
통깨 1큰술		설탕 1큰술
		올리고당 1큰술
		참기름 1작은술
		깨소금 1큰술

만들기

1 오징어는 껍질째 배를 가르고, 내장을 빼낸 뒤 씻어서 준비한다.

2 끓는 물에 오징어를 먼저 넣고 데쳐낸 뒤 찬물에 헹궈 건진다. 같은 물에 사각어묵을 데치고 찬물에 헹궈 건진다.

3 오징어는 가로 3㎝, 세로 1.5㎝ 크기로 썬다. 오징어 다리도 4㎝ 길이로 썬다. 어묵은 사방 2㎝ 크기로 썬다. 대파는 송송 썬다.

4 무말랭이는 물에 넣고 바락바락 씻어 볼에 담는다. 무말랭이가 불지 않은 상태로 간장과 맛술에 담가 밑간한다.

5 볼에 무침양념장 재료를 모두 넣고 잘 섞은 뒤 오징어와 사각어묵, 대파를 넣어 버무린 후 통깨를 뿌려 완성한다.

 두고 먹는 넓적깍두기

주재료	무절임양념	깍두기양념장
무 1개(450g)	굵은소금 3큰술	절임물 1컵
대파 1대	설탕 2큰술	찬밥 3큰술
소금 약간	탄산수 1컵	고춧가루 ½컵
		새우젓 1큰술
		까나리액젓 2큰술
		매실청 2큰술
		다진 마늘 1큰술
		다진 생강 ¼작은술

만들기

1 무는 껍질째 씻어서 1㎝ 두께로 슬라이스 하고 4등분한다. 대파는 어슷하게 얇게 편 썬다.

2 무절임양념 재료를 섞은 뒤 무를 넣어 1시간 정도 절인다.

3 무를 절이면서 생긴 물은 따라내어 따로 두고, 무는 채반에 널어 1시간 정도 꾸덕꾸덕하게 말린다.

4 믹서에 깍두기양념장 재료를 모두 넣어 곱게 갈아 준다.

5 꾸덕꾸덕해진 무에 깍두기양념장을 붓고 대파를 넣어 버무린다.

6 소금으로 맛을 내어 반나절 정도 익힌 뒤 냉장고에서 숙성시킨다.

팽이버섯된장국

주재료

팽이버섯 1봉지
송송 썬 대파 3큰술
된장 1큰술
일본된장 1큰술
시판 국물 다시팩 1개
생수 5컵
소금 약간

만들기

1 팽이버섯은 밑동을 자르고 2㎝ 길이로 썬다.

2 냄비에 생수를 붓고 시판 국물 다시팩을 넣어 끓인다. 25분 정도
   후에 다시팩을 건진 뒤 된장과 일본된장을 풀어 마저 끓인다. 소
   금으로 부족한 간을 맞춘다.

3 ②의 냄비에 팽이버섯과 송송 썬 대파를 넣어 한소끔 끓여 완성
   한다.

모둠버섯마늘볶음

꽈리고추털레기

꽈리고추털레기
밥상

다시마튀각

꽈리고추털레기

2인분

주재료		털레기양념장
꽈리고추 20개	애호박 ⅓개	고추장 2½큰술
밀가루 1컵	대파 1대	간장 2큰술
쌀가루 ½컵	양파 ½개	다진 마늘 1큰술
깻잎 5장	중멸치 10마리	맛술 2큰술
감자 2개	쌀뜨물 5컵	
	소금 약간	

만들기

1 꽈리고추는 꼭지를 떼어내고 어슷하게 반으로 썬다. 밀가루와 쌀
   가루를 섞어서 꽈리고추에 옷을 입히고 물 스프레이를 뿌린 뒤
   다시 밀가루와 쌀가루 옷을 두껍게 입힌다. 그래야 털레기가 부
   드러워진다.

2 깻잎은 2㎝ 크기로 썰고 감자와 애호박은 얄팍하게 슬라이스 한
   다. 대파는 어슷하게 편 썰고 양파는 굵게 채 썬다.

3 냄비에 중멸치를 볶다가 쌀뜨물을 붓고 끓인다. 물이 끓으면 털
   레기양념장 재료를 넣고 끓이면서 감자, 애호박, 양파, 대파를 넣
   어 끓인다.

4 충분하게 국물이 끓고 감자가 익어 맛이 우러나면 ①의 꽈리고추를
   넣어 끓인다.

5 마지막에 깻잎을 넣고 소금으로 맛을 내어 완성한다.

모둠버섯마늘볶음

주재료	볶음양념장
느타리버섯 80g	간장 2큰술
표고버섯 4장	고운 고춧가루 1작은술
팽이버섯 ½봉지	맛술 1큰술
마늘 10쪽	참기름 1작은술
실파 2대	깨소금 1작은술
	소금 약간
	후춧가루 약간

만들기

1 느타리버섯은 손으로 굵게 찢는다. 표고버섯은 물에 충분히 불리고, 기둥을 자른 뒤 곱게 채 썬다. 팽이버섯은 밑동을 자르고 물에 헹궈 물기를 턴다.

2 마늘은 반을 가른다. 실파는 2㎝ 길이로 자른다.

3 팬에 기름을 두르고 마늘을 넣어 갈색이 나도록 충분하게 볶는다.

4 ③의 팬에 표고버섯을 넣고 볶다가 느타리버섯, 실파를 마저 넣어 볶는다.

5 ④의 팬에 볶음양념장 재료인 간장, 고운 고춧가루, 맛술, 참기름을 먼저 넣고 버무린 뒤 소금과 후춧가루로 간을 맞춘다.

6 ⑤의 팬에 팽이버섯과 깨소금을 넣고 함께 버무려 그릇에 담아낸다.

다시마튀각

주재료	튀각양념
다시마(사방 20cm) 2장	통깨 2큰술
튀김기름 3컵	설탕 2큰술
	소금 ¼작은술
	잣가루 2큰술

만들기

1 다시마는 물기를 꼭 짠 거즈로 겉에 묻은 흰 가루를 말끔하게 닦아낸 뒤 가위를 이용해 사방 2㎝ 크기로 자른다.

2 냄비에 튀김기름을 넣고 끓이다 온도가 150도 정도 되면 다시마를 넣어 바삭하게 튀겨낸다.

3 볼에 기름을 뺀 다시마를 담고 튀각양념 재료를 넣어 버무린다.

굵은소금 한 알갱이로 기름온도 확인

다시마튀각은 150도 정도의 저온에서 튀겨야 하는데요. 모든 집에
튀김온도계가 있는 건 아니잖아요. 이럴 때는 굵은소금 알갱이 하나
만 있으면 돼요. 굵은소금 알갱이를 튀김기름에 떨어뜨렸을 때 소금
알갱이가 바닥까지 닿았다가 조금 후에 떠오르면 그때가 바로 150도
랍니다. 만약 다시마를 고온의 기름에서 튀기면 쉽게 타버리고 쓴맛
이 나니까 소금 알갱이로 튀김온도를 꼭 확인해 주세요.

죽순솥밥
한상

죽순솥밥

옛날고추양념장

마른새우고추채볶음

양배추물김치

224

죽순솥밥과 옛날고추양념장

2인분

주재료	옛날고추양념장	
죽순 300g	청양고추 1개	다시마 우린 물 5큰술
쌀 2컵	풋고추 5개	맛술 2큰술
생수 2½컵	홍고추 2개	꿀 1큰술
들기름 2큰술	대파 1개	들기름 1큰술
국간장 1큰술	양파 ½개	들깻가루 2큰술
	간장 ¼컵	

만들기

1 쌀은 충분하게 불려 체에 밭쳐 물기를 뺀다.

2 죽순은 납작하게 저며 썬다. 쌀뜨물을 끓인 냄비에 죽순을 살짝 데쳐낸 뒤 찬물에 헹궈 건지고 들기름과 국간장을 넣어 밑간한다.

3 밥솥에 쌀과 죽순을 섞어 안치고 생수를 부어 밥을 짓는다.

4 밥이 될 동안 청양고추와 풋고추, 홍고추는 잘게 송송 썰고 대파도 잘게 송송 썬다. 양파는 0.5㎝ 크기로 다진다.

5 볼에 썰어 놓은 고추와 대파, 양파를 담고 간장, 다시마 우린 물, 맛술, 꿀, 들기름, 들깻가루를 넣고 섞어서 옛날고추양념장을 만든다.

6 밥이 뜸까지 완전하게 들어 맛있게 지어지면, 위아래로 죽순을 고르게 섞어서 그릇에 담고 옛날고추양념장을 넣어 비벼 먹는다.

양배추물김치

주재료	고춧가루양념물	
양배추 1통	마늘채 1큰술	생수 8컵
미니양배추 12개	생강채 약간	매실청 5큰술
적양배추 ¼통	쪽파 5대	새우젓국물 6큰술
소금 ½컵	마른 홍고추 1개	국간장 3큰술
물 8컵	감자죽 2컵	소금 약간
	고춧가루 ¾컵	

만들기

1 양배추는 굵은 심지를 도려내고 사방 3㎝ 크기로 썬다. 미니양배추는 반으로 자르고 적양배추는 사방 3㎝ 크기로 썬다. 볼에 물을 붓고 소금을 녹인 후 손질한 양배추들을 넣고 40분 정도 절여 숨을 죽인다. 숨이 죽은 양배추는 건져서 그대로 물기를 뺀다.

2 고춧가루양념물을 만들기 위해 쪽파는 2㎝ 길이로 썰고 마른 홍고추는 가위로 가늘게 썰어 씨를 털어낸다.

3 베보자기에 고춧가루를 넣고 생수 안에서 주물러 물에 고춧가루가 배게 한다. 고춧가루 물에 감자죽을 풀고 마늘채, 생강채, 쪽파, 마른 홍고추를 넣은 뒤 새우젓국물과 국간장, 매실청을 넣어 잘 섞는다. 부족한 간은 소금으로 맞춘다. 간은 약간 삼삼하게 맞춰야 양배추를 넣었을 때 간이 알맞다.

4 밀폐용기에 양배추를 고루 섞어 담고 ③의 고춧가루양념물을 그득하게 부어 실온에서 반나절, 냉장고에서 반나절 정도 익힌 후 먹는다.

마른새우고추채볶음

주재료	볶음양념장	
마른 새우 1컵	고추장 1작은술	참기름 ¼작은술
풋고추 1개	간장 1큰술	통깨 약간
홍고추 1개	다진 마늘 1작은술	소금 약간
청양고추 1개	청주 1큰술	
	설탕 1작은술	
	물엿 1작은술	

만들기

1 마른 새우는 마른 팬에 볶아 비린 맛을 제거한 뒤 체에서 흔들어 잔가시를 없앤다.

2 풋고추와 홍고추, 청양고추는 세로로 반을 갈라 씨를 빼고 2㎝ 길이로 곱게 채 썬다.

3 팬에 기름을 두르고 볶음양념장 재료 중 고추장과 간장, 다진 마늘, 청주, 설탕을 먼저 넣고 끓인다. 양념장이 끓으면 볶아 놓은 마른 새우를 넣고 윤기가 나도록 약한 불에서 볶는다.

4 새우에 간이 배면 ②의 고추채를 넣고 버무린 뒤 불에서 내린 다음 물엿과 참기름, 통깨를 넣고 소금으로 간을 맞춰 완성한다.

이보은의 양배추물김치 담그는 비결 3가지

1 양배추는 나른하게 절이는 것보다 살짝 숨이 살아 있어야 익었
  을 때 아작아작한 식감을 느낄 수 있어요. 그러기 위해서는 40분
  이상 절이지 않는 게 좋습니다.

2 양배추의 단맛을 한층 살리는 비법은 감자에 있어요. 감자를 이
  용해 죽을 쑤어 김치국물에 넣으면 양배추김치를 다 먹을 때까
  지 아작아작하면서 부드러운 식감이 유지되고 더욱 구수한 김치
  국물을 맛볼 수 있거든. 감자죽은 삶은 감자를 으깨서 물 2½
  컵을 부어 끓인 뒤 차게 식혀서 만들어요.

3 물김치의 간은 새우젓 국물과 국간장으로 해야 김치가 익을수록
  국물 맛이 깊어져요. 즉 물김치의 깊은 맛은 국간장이 책임지고,
  소금은 부족한 간을 맞추는 데에만 사용하는 거죠.

순두부잔치국수
한상

즉석배추겉절이

빨간잔멸치고추장조림

순두부잔치국수

순두부잔치국수

2인분

주재료	국수국물	
순두부 200g	북어채 한줌(30g)	청양고추 1개
소면 300g	국간장 1큰술	생수 12컵
달걀지단(사방 10cm) 2장	간장 1큰술	소금 약간
	청주 2큰술	
	다진 마늘 1작은술	
	대파 ½개	

만들기

1 순두부는 한 숟가락씩 떠서 체에 밭쳐 물기를 뺀다.

2 소면은 쫄깃하게 삶은 다음 찬물에 헹궈 건져내 물기를 뺀다.

3 달걀지단은 굵게 채 썰고 북어채는 물에 씻어 자른다.

4 냄비에 북어채와 청주, 국간장, 간장, 다진 마늘을 넣어서 볶는 다. 북어가 볶아지면 생수를 붓고 끓인다.

5 물이 끓는 동안 청양고추는 어슷하게 채 썰고, 대파는 어슷하게 편 썰기 한다. 물이 끓으면 청양고추와 대파를 마저 넣고 끓여 국 수국물을 만든다.

6 국수국물에 순두부를 넣고 한소끔 더 끓인 뒤 소금으로 간한다.

7 그릇에 소면을 나눠 담고 순두부를 국물까지 그득하게 담은 다음 달걀지단을 올려서 낸다.

즉석배추겉절이

주재료	겉절이양념장	
알배추 300g	고춧가루 5큰술	참기름 1작은술
오이 ½개	참치액 1큰술	깨소금 1큰술
양파 ¼개	다진 마늘 1큰술	소금 약간
쪽파 2대	매실청 1큰술	
청양고추 1개	설탕 1큰술	
홍고추 1개	식초 1큰술	
소금 약간		

만들기

1 알배추는 한 잎씩 떼어 적당하게 손으로 찢은 뒤 소금물에 헹궈 건진다.

2 오이는 어슷하게 편 썰고 양파는 곱게 채 썬다. 쪽파는 2㎝ 길이로 썰고 청양고추와 홍고추는 세로로 반 갈라서 송송 썬다.

3 고춧가루에 참치액, 다진 마늘, 매실청, 설탕, 식초, 참기름을 모두 넣고 잘 섞어서 겉절이양념장을 만든다.

4 양념장에 알배추와 오이, 양파, 쪽파, 청양고추, 홍고추를 넣고 버무린 뒤 깨소금과 소금으로 간을 맞춰 완성한다.

빨간잔멸치고추장조림

주재료	고추장양념	
잔멸치 200g	식용유 2큰술	매실청 1큰술
홍고추 1개	고추장 4큰술	설탕 2큰술
청양고추 1개	청주 3큰술	깨소금 1큰술
	맛술 3큰술	물엿 1큰술
	간장 3큰술	

만들기

1 잔멸치는 마른 팬에서 볶아 식힌다.

2 홍고추와 청양고추는 잘게 어슷썰기 한다.

3 냄비에 식용유, 고추장, 청주, 맛술, 간장, 매실청, 설탕을 넣고
잘 섞어서 한소끔 끓여 고추장양념을 만든다. 고추장양념이 끓으
면 고추와 잔멸치를 넣고 볶는다.

4 ③의 냄비를 불에서 내린 후 깨소금과 물엿을 넣고 잘 섞어서 완
성한다.

묵밥 한상

묵밥

콩나물맑은국

시래기들깨볶음

멸치뽁장

묵밥과 멸치뽁장

4인분

주재료	멸치뽁장
도토리묵 1모	잔멸치 ¼컵
뜨거운 밥 4공기	양파 ½개
상추 50g	된장 3큰술
파프리카 ½개	고추장 1큰술
참기름 1작은술	꿀 2큰술
깨소금 1큰술	청양고추 2개
	쌀뜨물 ½컵

만들기

1 잔멸치는 마른 팬에 볶아 비린 맛을 없앤다. 양파는 잘게 썰고 청양고추는 송송 썬다.

2 냄비에 양파와 잔멸치를 담고 된장, 고추장, 꿀을 넣어 버무린다.

3 ②의 냄비에 쌀뜨물을 붓고 잘박하게 끓으면 청양고추를 넣고 한소끔 더 끓여 바특한 멸치뽁장을 만든다.

4 도토리묵은 손가락 굵기로 썰어서 참기름, 깨소금을 넣어 조물조물 무친다.

5 상추는 1㎝ 폭으로 썰고, 파프리카는 아주 곱게 채 썬다.

6 그릇에 뜨거운 밥을 담고 상추와 파프리카, 도토리묵을 올린 후 멸치뽁장으로 비벼 먹는다.

콩나물맑은국

주재료

콩나물 200g
진한 멸치국물 8컵
쪽파 2대
청양고추 2개
다진 마늘 1작은술
소금 약간

만들기

1 콩나물은 다듬어 씻고 물기를 턴다.

2 냄비에 콩나물을 담고 다진 마늘과 소금을 뿌린 다음 진한 멸치국물 1컵을 먼저 넣어 뚜껑을 덮고 끓인다.

3 콩나물 익는 냄새가 나면 남은 멸치국물을 모두 붓고 끓인다.

4 국이 끓는 동안 쪽파는 1㎝ 길이로 썰고 청양고추는 잘게 채 썬다.

5 콩나물국물이 시원하게 끓여지면 쪽파와 청양고추를 마저 넣고 소금으로 간해서 완성한다. 콩나물맑은국은 뜨겁게 먹거나 차게 식혀 냉국으로 먹어도 좋다.

시래기들깨볶음

주재료	볶음양념장
불린 시래기 150g	들기름 2큰술
실고추 약간	들깻가루 2큰술
쌀뜨물 4컵	국간장 1큰술
	다진 마늘 1작은술
	다진 파 1큰술
	맛술 1큰술
	소금 약간
	다시마 우린 물 ¼컵

만들기

1 끓는 쌀뜨물에 불린 시래기를 삶아낸 다음 쌀뜨물에 담긴 그대로 2~3시간 둔다. 그러면 시래기의 아린 맛과 질긴 식감이 없어진다.

2 ①의 시래기를 찬물에 여러 번 헹군 뒤 물기를 꼭 짠 후에 3㎝ 길이로 썬다.

3 볼에 시래기를 담고 볶음양념장 재료 중 들기름 1큰술과 국간장, 다진 마늘, 다진 파, 맛술을 넣어 조물조물 무친다.

4 달군 팬에 들기름을 두르고 무친 시래기를 넣어 볶다가 들깻가루를 다시마 우린 물에 타서 끼얹는다.

5 불을 약하게 조절하고 잘박하게 볶은 뒤 소금으로 간하고 실고추를 올려 완성한다.

대파해장국
밥상

대파해장국

깻잎생김치　　　　　우엉채보리새우볶음

대파해장국

2인분

주재료

대파 4대
북어포 40g
달걀 2개
들기름 2큰술
국간장 2큰술
다진 마늘 1큰술

청주 1큰술
쌀뜨물 8컵
매운 청양고추 2개
소금 약간
후춧가루 약간

만들기

1 대파는 흰 뿌리 부분과 초록의 잎 부분을 나누고, 4㎝ 길이로 토막 내 세로로 반을 가른다.

2 끓는 물에 대파의 뿌리 부분을 먼저 넣고 데친다. 뿌리 부분이 살짝 익으면 잎 부분을 넣어 데친 뒤 찬물에 헹궈 건진다. 뿌리 부분이 두꺼워 익는 속도가 다르므로 시간을 두고 데쳐야 한다.

3 북어포는 물에 재빨리 헹구고 건져내 물기를 꼭 짠다. 달걀은 알끈을 제거하고 곱게 푼다. 청양고추는 채 썬다.

4 냄비에 북어포와 대파를 넣고 국간장, 들기름을 넣어 볶다가 다진 마늘과 청주를 마저 넣고 볶는다. 그리고 쌀뜨물을 붓고 끓인다.

5 북어의 향이 은근하게 올라오고 대파의 단맛이 우러나면 청양고추를 넣고 소금과 후춧가루로 간을 한다.

6 ⑤의 냄비에 달걀줄알을 친 뒤 한소끔 끓여 완성한다.

깻잎생김치

주재료	양념장	
깻잎 50장	생수 3큰술	생강즙 약간
부추 20g	까나리액젓 2큰술	설탕 1½큰술
홍고추 1개	참치액 2큰술	통깨 1큰술
	간장 2큰술	소금 약간
	고운 고춧가루 1큰술	
	다진 마늘 1큰술	

만들기

1 깻잎은 뒤쪽의 부분을 특히 깨끗이 씻어서 물기를 털고, 가지런하게 챙겨 꼭지를 1㎝ 부분만 남기고 가위로 자른다.

2 부추는 2㎝ 길이로 썬다. 홍고추는 씨가 있는 채로 곱게 다진다.

3 볼에 생수와 까나리액젓, 참치액, 간장, 고운 고춧가루, 다진 마늘, 생강즙, 설탕, 통깨를 모두 넣고 잘 섞어 양념장을 만든다. 기호에 따라 부족한 간은 소금을 더한다.

4 ③의 양념장에 부추와 홍고추를 섞은 뒤 깻잎 한 장씩 바른다. 10분쯤 재운 뒤 앞뒤로 눌러 양념이 서로 스며들게 한다. 깻잎생김치는 반나절이 지난 후부터 바로 먹을 수 있다.

까나리액젓과 참치액으로 깻잎의 향은 줄이고 감칠맛은 살리고

깻잎의 향은 입맛을 돌게 하지만 생김치로 먹기에는 향이 강할 수도 있지요? 이럴 때는 까나리액젓과 참치액을 섞어서 양념하면 깻잎의 향을 조금 삭혀주면서 감칠맛을 더해 맛깔스러워져요. 깻잎생김치는 깻잎의 질감이 싱싱해서 숨만 죽으면 바로 먹어도 되는데요. 냉장실에 보관하면 3~4일 아주 맛있게 먹을 수 있는 별미김치랍니다.

우엉채보리새우볶음

주재료	양념장
우엉 150g	간장 3큰술
보리새우 50g	청주 1큰술
마늘 3쪽	매실청 1큰술
실고추 5g	설탕 1큰술
식초 1작은술	참기름 1작은술
	깨소금 1작은술
	소금 약간
	후춧가루 약간

만들기

1 우엉은 3㎝ 길이로 토막 내어 곱게 채 썬다. 식초를 탄 물에 우엉을 비벼가면서 씻어 건진다.

2 보리새우는 마른 팬에 볶아 체에 쳐서 가루를 없앤다.

3 마늘은 곱게 채 썰고 실고추는 짧게 끊어 놓는다.

4 팬에 기름을 두르고 마늘을 볶다가 우엉과 보리새우를 넣고 양념장 재료인 간장과 청주를 넣어 볶는다.

5 ④의 팬에 매실청과 설탕, 참기름, 깨소금을 넣고 실고추, 소금, 후춧가루로 간을 맞춰 완성한다.

사골들깨수제비
한상

두부신김치마늘볶음

어묵마늘종잡채

사골들깨수제비

242

사골들깨수제비

주재료

사골국물 8컵
밀가루 1컵
생수 약간
애호박 ¼개
감자 1개
대파 1대
다진 마늘 1작은술
간장 1작은술
들깻가루 3큰술
소금 약간

만들기

1 진하게 끓여 놓은 사골국물을 준비한다. 차갑게 식혀 기름기를 완전하게 걷어낸 후 냄비에 붓고 뜨겁게 끓인다.

2 밀가루에 생수를 조금씩 부으면서 수제비 반죽을 만든다. 반죽에 쫀득한 찰기가 생기도록 오래 치댄다.

3 애호박은 반달로 저며 썰고 감자는 굵게 채 썬다. 대파도 굵게 채 썬다.

4 ①의 사골국물이 끓으면 대파와 다진 마늘, 간장을 넣고 끓이다가 감자를 넣는다.

5 감자가 익으면 애호박을 넣고 손에 물을 묻혀 가면서 수제비 반죽을 얇게 떼어내면서 넣는다. 반죽이 끓어 떠오르면 들깻가루를 넣고 소금으로 간해서 완성한다.

어묵마늘종잡채

주재료	잡채양념장	
사각어묵 3장	다진 마늘 1큰술	참기름 1큰술
마늘종 10줄	맛술 1작은술	깨소금 1큰술
당근 ¼개	간장 1큰술	소금 약간
청양고추 1개	참치액 1작은술	
홍고추 2개	설탕 1작은술	
소금 약간	물엿 1작은술	

만들기

1 사각어묵을 넓은 채반에 올린 뒤 뜨거운 물을 끼얹어 기름기를 없애고 찬물로 헹궈 물기를 뺀다. 그리고 4㎝ 길이로 채 썬다.

2 마늘종은 4㎝ 길이로 썰고 세로로 반을 갈라 소금을 약간 넣어 절인다.

3 당근은 마늘종과 같은 길이로 곱게 채 썰고 청양고추와 홍고추도 반을 갈라 씨를 뺀 후 같은 길이로 채 썬다.

4 팬에 기름을 아주 조금 두르고 마늘종과 당근, 고추를 순서대로 각각 볶아내 넓은 접시에 펼쳐 식힌다.

5 같은 팬에 기름을 두르고 어묵과 양념장 재료 중 다진 마늘을 볶는다. 어묵이 부드럽게 볶아지면 맛술과 간장, 참치액, 설탕을 넣고 마저 볶아낸다.

6 넓은 볼에 볶아 놓은 어묵과 마늘종, 당근, 고추를 모두 담고 물엿, 참기름, 깨소금으로 버무려 잡채를 만든다. 부족한 간은 소금으로 맞춰 그릇에 담는다.

두부신김치마늘볶음

주재료	볶음양념장	
두부 ½모	고추장 1큰술	깨소금 1작은술
신김치 100g	간장 1큰술	소금 약간
마늘 8쪽	물엿 1큰술	후춧가루 약간
소금 약간	맛술 1큰술	
	다진 파 1큰술	
	참기름 1큰술	

만들기

1 두부는 사방 2㎝ 크기, 1㎝ 두께로 썰고 소금을 뿌려 밑간한다.

2 밑간이 된 두부의 물기를 닦은 후 팬에 기름을 두르고 애벌로 노릇하게 부쳐낸다.

3 신김치는 소를 털고 국물을 꼭 짠 후에 2㎝ 길이로 썬다.

4 마늘은 굵게 편 썰기 한다.

5 팬에 기름을 두르고 마늘과 김치를 볶다가 볶음양념장 재료를 넣고 한데 버무려 볶는다.

6 김치가 나른하게 볶아지면 애벌한 두부를 넣고 함께 어우러지도록 볶아낸다.

마늘제육볶음
밥상

오이냉국

브로콜리줄기장조림

마늘제육볶음

마늘제육볶음

주재료	양념장
돼지고기(앞다리살) 600g	사과 간 것 3큰술
마늘 12쪽	고춧가루 3큰술
대파 1대	고추장 3큰술
양파 ½개	간장 2큰술
깻잎 20장	매실청 2큰술
	다진 마늘 1큰술
	올리고당 1큰술

만들기

1 돼지고기는 앞다리살을 얄팍하게 슬라이스 한 것으로 준비한다. 고기에 잔칼집을 고루 내고 먹기 좋게 사방 4~5㎝ 크기로 썬다.

2 대파와 양파는 굵게 채 썰고 깻잎은 깨끗이 씻어 물기를 턴다.

3 양념장 재료를 한데 넣고 잘 섞어준다.

4 ③의 양념장에 돼지고기를 넣고 버무려 20분 정도 재운다.

5 뜨겁게 달군 팬에 양파, 대파, 마늘을 넣고 재운 돼지고기를 넣어 볶는다.

6 고기가 완전하게 익혀지고 양파와 마늘이 속까지 익으면 그릇에 담아 깻잎을 곁들여서 싸 먹는다.

브로콜리줄기장조림

주재료	조림장
브로콜리 350g	마늘 15쪽
닭가슴살 300g	간장 5큰술
소금 약간	닭가슴살 삶은 물 1컵
홍고추 1개	매실청 2큰술
생수 2컵	올리고당 1큰술
생강즙 1작은술	

만들기

1 브로콜리는 작은 송이들을 가위로 자르고 브로콜리 줄기는 세로로 반을 잘라 도톰하게 반달썰기 한다.

2 냄비에 생수를 끓여 브로콜리 작은 송이를 데친 뒤 찬물에 헹궈 건져낸다. 같은 물에 생강즙을 넣고 닭가슴살을 삶는다.

3 닭살이 속까지 익혀지면 건져내 찬물에 헹군 다음 도톰하고 굵게 찢는다.

4 닭가슴살 삶은 물을 냄비에 부은 뒤 마늘과 간장, 매실청을 넣고 끓여 조림장을 만든다. 조림장이 끓으면 ①의 브로콜리 줄기를 넣어 조린다.

5 ④의 조림장이 반 정도 줄어들면 ③의 닭살을 넣고 올리고당을 첨가해 윤기가 나도록 조려 브로콜리줄기장조림을 완성한다.

6 그릇에 브로콜리줄기장조림을 담고 데쳐 놓은 브로콜리 송이들은 초고추장을 곁들여 내놓는다.

오이냉국

주재료	냉국국물	오이무침양념
오이 3개	말린 홍새우 10g	고운 고춧가루 2큰술
양파 ½개	생수 8컵	다진 파 1큰술
홍고추 2개	국간장 1큰술	다진 마늘 1큰술
청양고추 2개	2배식초 ⅓컵	맛술 2큰술
	올리고당 ⅓컵	설탕 1½큰술
	소금 ⅓큰술	식초 2큰술
		소금 ½큰술

만들기

1 오이는 소금으로 문질러 씻은 뒤 어슷하게 편 썰기 하고 다시 굵게 채 썰기 한다.

2 양파는 곱게 채 썰고 홍고추와 청양고추는 송송 썬다.

3 냉국국물을 만들기 위해 냄비에 말린 홍새우를 볶다가 생수를 붓고 끓인다. 물이 끓으면 국간장으로 간을 맞춘 뒤 차게 식힌다.

4 ③의 국물에 2배식초와 올리고당을 넣어서 새콤달콤하게 간을 맞춘다. 그리고 냉동실에 넣어 살얼음지게 한다.

5 오이와 양파를 볼에 담고 오이무침 양념 재료를 넣어 조물조물 무친다.

6 큰 밀폐용기에 ⑤의 오이무침을 담고 살얼음진 냉국 국물을 붓는다. 부족한 간은 소금으로 맞춘다.

오리주물럭
밥상

가지냉국

오리주물럭

오이볶음

알배추숙쌈

한상

오리주물럭 알배추숙쌈

3인분

주재료	오리정육밑간	양념장
오리정육 600g	청양고추 4개	고춧가루 3큰술
고구마 2개	청주 4큰술	고추장 3큰술
부추 50g	매실청 1큰술	간장 3큰술
양파 1개		다진 마늘 2큰술
알배추 300g		올리고당 2큰술
		후춧가루 ¼큰술

만들기

1 오리정육은 슬라이스 한 것으로 구입해서 먹기 좋은 크기로 썬다. 오리밑간 재료 중 청양고추는 씨가 있는 채로 곱게 다진다. 오리는 오리정육밑간 재료를 넣어 조물조물 주물러서 30분 정도 재운다.

2 고구마는 껍질째 손가락 길이와 굵기로 썰고, 부추는 3㎝ 길이로 썬다. 양파는 가로 1㎝ 두께로 슬라이스 한다.

3 알배추는 전자레인지용 내열용기에 담고 물 1컵 정도로 배추를 축축하게 적신 다음 랩을 씌우고 구멍 몇 개를 뚫어 5분 정도 가열하여 숙쌈을 만든다.

4 밑간한 오리에 양념장 재료를 넣고 주물러 15분 정도만 둔다.

5 널찍한 그릴팬을 달군 후에 오리주물럭을 올려 볶듯이 구워준다. 오리가 어느 정도 익으면 고구마와 양파를 함께 넣고 볶듯이 구운 뒤 마지막에 부추를 넣고 버무려서 완성한다.

가지냉국

주재료	가지밑간	가지양념
가지 4개	맛술 4큰술	고운 고춧가루 2큰술
노란 파프리카 ½개	국간장 2큰술	간장 2큰술
주황 파프리카 ½개	생수 2컵	다진 파 2큰술
홍고추 2개		다진 마늘 1큰술
양파 ½개		매실청 2큰술
얼음 4컵		들기름 ½큰술
생수 2컵		통깨 1큰술
		소금 1큰술

만들기

1 가지는 꼭지 부분을 떼어내고 세로로 반을 가른다. 파프리카는 4㎝ 길이로 곱게 채 썬다. 양파는 아주 곱게 채 썰고 홍고추는 세로로 반을 갈라 씨를 뺀 뒤 2㎝ 길이로 채 썬다.

2 전자레인지용 내열용기에 가지의 껍질이 아래로 가게 나란히 담는다. 가지밑간 재료를 섞은 후 가지 위에 고루 뿌린다. 랩을 씌워 구멍을 서너 개 뚫은 후 전자레인지에서 10분 정도 가열한다.

3 가지가 익으면 가지를 건져내고 가지를 익힌 밑간용 물은 차게 식힌다.

4 건져낸 가지는 식힌 후에 손으로 죽죽 찢은 뒤 가지양념 재료를 넣어 조물조물 무친다.

5 ④의 가지무침에 양파, 파프리카, 홍고추를 넣고 잘 버무린다. 그리고 얼음과 차게 식힌 가지물, 생수를 붓고 잘 저어서 소금으로 간을 맞춰 완성한다.

오이볶음

주재료	오이양념
백오이 2개	조선간장 ½작은술
곱게 빻은 천일염 약간	참기름 1작은술
통깨 1작은술	
깻가루 1작은술	
참기름 약간	
실고추 약간	

만들기

1. 백오이는 흐르는 물에 씻은 뒤 물기를 닦고 얄팍하게 슬라이스 한다. 곱게 빻은 천일염을 조금 넣고 버무린 다음 15분 정도 둔다.

2. 절인 오이는 꼬들꼬들하게 되도록 베보자기에 넣고 주물주물하여 물기를 꼭 짠다.

3. ②의 오이에 오이양념 재료를 넣고 버무린다.

4. 마른 팬을 뜨겁게 달군 후에 중간 불에서 ③의 오이를 재빨리 볶아낸다. 이미 오이를 참기름으로 버무려 양념했기 때문에 기름을 사용하지 않는다.

5. 볶은 오이를 넓은 접시에 펼치고 통깨, 깻가루, 참기름 한 방울 정도를 더 넣어 버무린 뒤 실고추를 얹어 완성한다.

이 보 은 의 다 섯 번 째 요 리 이 야 기

한잔

안주계의 치트키,

고추부각과 함께 시원하게 한잔
어떠세요?

아무도 출근하지 않은 이른 아침. 조용한 사무실에 앉아 있는데 오늘 낮 기온이
무려 37도까지 오른다는 소식이 들려옵니다. 7월 최고의 온도라는데요.
어쩐지 아침부터 후덥지근하고 가만히 앉아 있는 데도 땀이 송골송골 맺히더군요.
역시 절기를 거스르는 법이 없는 초복이라 그런가 봅니다. 벌써부터 이러니 중복과
말복의 날씨가 더욱 기대(?)되기도 하는데요. 하지만 이 볕이 너무 아까워 부지런을
떨었답니다. 바로 고추부각을 만들기 위해서요.
제가 시댁에 가면 늘 어머님이 냉동실에서 고추부각을 꺼내주셨는데요.
그 고추부각을 너무 맛있게 먹었던 기억이 납니다. 지금은 어머님이 돌아가셔서 정말
그리운 음식이 되었네요. 어머님의 고추부각을 먹을 때마다 '어머님의 고추부각은 좀
다른 것 같아요. 어떻게 만드셨어요?'하고 여쭈면, '에구, 니가 더 잘하지
나야 뭐…'하시던 울 어머님. 그 맛깔진 솜씨를 끝내 못 배우고 말았네요.
그나마 어깨너머로 살짝 배울 수 있었는데요. 어머님은 청양고추와 풋고추를 섞어서
찹쌀가루와 밀가루 풀에 버무려 볕 좋은 날에 그늘에서 잘 말려 놓으셨어요.
이 볕이 너무도 아깝다고요. 이젠 제가 그 흉내를 내고 있습니다.
물론 어머님 손맛은 아니지만 따라가려 노력은 하고 있지요.

257

요즘 나오는 고추는 약간 매운 맛이 칼칼하게 감돌아 고추부각으로 만들어 놓고
냉동실에 쟁여 놓은 후에 가끔 맥주 안주로, 와인 안주로 튀겨내면 금상첨화거든요.
이번엔 꽈리고추로 만들어보자며 망원시장에 들렀습니다. 그랬더니 마침 고추를
한바구니 가득 다듬고 계시는 할머니가 계시더라고요.
그래서 할머니 바구니를 통째로 모두 샀는데, 50개 정도 되더군요.
꽈리고추 50개를 깨끗하게 씻어 꼭지를 떼어내고 물기를 닦아 어슷하게 반으로
잘랐어요. 찹쌀가루 5큰술에 밀가루 ½컵을 섞어서 생수 1½컵을 넣고
걸쭉하게 죽을 쑤어 차게 식혀 놓습니다. 그리고 꽈리고추를 죽에 버무려 넣고
감자전분과 쌀가루를 반씩 섞어 고추를 버무려 놓으세요. 찜기에 김이 오르면
30초씩 쪄내고, 식힌 후에 채반에 랩을 깔아 주고 그 위에 한 개씩 펼쳐 놓고
볕 좋은 날 그늘에서 뒤집어 가면서 바싹 말리기만 하면 돼요.
보통 볕이 정말 쨍하면 하루만에 마르고 아니면 이틀 정도 말려야 해요.
지퍼백을 두겹으로 겹쳐 말려 놓은 고추부각을 넣고 냉동에 보관합니다.
먹을 때엔 튀김기름을 150도 정도로 가열한 뒤 불을 약하게 줄이고, 말려 놓은
고추부각을 한 번만 바삭하게 튀겨 기름을 빼세요. 그 위에 통깨, 검은깨를 고루
뿌리고 그대로 먹으면 됩니다. 기호에 따라 설탕과 볶은소금을 뿌려 먹어도
좋은데요. 저는 튀겨 놓은 고추부각에 조청 코팅을 한 번 더 해줍니다.
살짝 달달하게 먹는 맛이 매콤한 부각과 딱 맞아떨어지거든요.
요맛이 그 어떤 술과도 잘 어울려서 우리 집 맞춤 안주이기도 합니다.
조청 코팅을 해주는 방법은요. 깊이가 있는 팬을 뜨겁게 달군 후에 불을 약하게
줄여서 조청을 넣어 살짝 끓여준 다음 튀겨 놓은 고추부각을 넣고 재빨리 버무려
주는 거예요. 그러면 고추부각에 윤기가 나면서 살짝 단맛이 감돌아 더 바삭해져요.
조청 코팅을 한 고추부각에 통깨와 검은깨를 뿌리고 차게 식히면 완성이에요.
이렇게 만든 고추부각은 아무리 먹어도 질리지 않는답니다.

"오늘처럼 볕 좋은 날 고추 한 번 말려 보실래요?
혹시 미세먼지가 많다면 식품건조기를 이용하세요.
무엇보다 건강이 최우선이니까요~♡"

혼자여도 외롭지 않게
한잔에 곁들일 요리

생각이 복잡할 때, 일이 생각처럼 풀리지 않을 때가 종종 있습니다.

이럴 때는 한잔의 술에 위로 받고 싶어지죠?

술 한잔으로 마음을 달랜다면

속을 달래줄 '한잔에 곁들일 요리'를 만나볼까요?

허브소금
뿌린
아보카도

2인분

주재료

아보카도 1개
말린 바질 ½작은술
꽃소금 2큰술
곱게 빻은 통후추 1작은술
베이비채소 50g

만들기

1 후숙된 아보카도는 세로로 반을 갈라 씨를 빼고 껍질을 벗긴 후 얄팍하게 슬라이스 해서 접시에 담는다.

2 꽃소금을 절구에 넣고 곱게 간 후 곱게 빻은 통후추와 말린 바질을 넣고 고루 섞어 허브소금을 만든다.

3 베이비채소는 씻어서 물기를 턴다.

4 ①의 아보카도를 담은 접시에 허브소금을 조금 뿌리고 베이비채소를 곁들여 낸다.

양송이 베이컨볶음

2인분

주재료

양송이 8개
베이컨 2줄
올리브오일 1큰술

만들기

1 뜨겁게 달군 팬에 기름을 두르지 않고 베이컨을 노릇하게 굽는다. 구운 베이컨은 종이타월에 올려 기름을 뺀 후 잘게 썬다.

2 양송이는 씻어서 2등분한다. 양송이를 씻을 때 갓 부분의 껍질은 벗겨도 좋다.

3 팬에 올리브오일을 두르고 양송이를 넣어 살짝 볶는다.

4 ③의 팬에 베이컨을 넣고 버무려 그릇에 담아낸다.

진미채튀김

2인분

주재료	청양마요소스
진미채 200g	청양고추 1개
맛술 2큰술	마요네즈 3큰술
튀김가루 3큰술	간장 1작은술
녹말가루 1큰술	
튀김기름 2컵	

만들기

1 진미채는 먹기 좋은 크기로 자른 뒤 맛술을 넣어 조물조물 무쳐 밑간한다.

2 ①의 진미채를 튀김가루와 녹말가루에 넣어 버무린다.

3 튀김기름을 150도로 예열한다.

4 ②의 진미채에서 날가루를 턴 후 예열한 튀김기름에서 노릇하게 튀겨낸다. 튀겨진 진미채는 종이타월에 올려 기름기를 뺀다.

5 청양고추를 다져서 마요네즈와 간장을 넣고 잘 섞어 청양마요소스를 완성한다.

6 튀긴 진미채를 접시에 담고 청양마요소스를 찍어 먹는다.

치즈가루
뿌린
로메인

2인분

주재료

로메인 200g
올리브 3개
올리브오일 2큰술
그라노파다노치즈 약간

만들기

1 로메인은 되도록 포기채로 준비한다.

2 올리브는 얄팍하게 슬라이스 한다.

3 접시에 로메인을 담고 올리브를 올린 후 올리브오일을 고루 뿌린다.

4 ③의 접시 위에 그라노파다노치즈를 갈아서 뿌려주면 완성이다.

269

대패삼겹살
마늘볶음

2인분

주재료

대패삼겹살 200g
마늘 8쪽
부추 30g
소금 약간
후춧가루 약간

만들기

1 대패삼겹살은 사방 3~4㎝ 크기로 썬다. 마늘은 2등분한다.

2 부추는 2㎝ 길이로 썬다. 부추가 없으면 쪽파나 대파도 가능하다.

3 뜨겁게 달군 팬에 대패삼겹살을 놓고 소금, 후춧가루를 조금 뿌린다.

4 삼겹살이 익혀지면서 기름이 나오면 마늘을 넣고 볶는다.

5 마늘이 노릇하게 익혀지면 부추를 넣고 버무려 그릇에 담는다.

두릅고추전

2인분

주재료

두릅 200g
청양고추 1개
홍고추 1개
부침가루 ½컵
녹말가루 3큰술
얼음물 ½컵
소금 약간

만들기

1 끓는 물에 소금을 넣어 두릅을 살짝 데쳐낸 뒤 찬물에 헹궈 건진다.

2 청양고추와 홍고추는 링 모양으로 송송 잘게 썬다.

3 부침가루에 녹말가루를 넣은 뒤 얼음물을 붓고 잘 섞어 반죽을 만든 다음 두릅을 넣어 반죽옷을 입힌다.

4 뜨겁게 달군 팬에 기름을 조금 두르고, ③의 반죽옷을 입힌 두릅을 팬에 올린 뒤 ②의 고추를 그 위에 조금 얹는다. 그리고 전을 앞뒤로 노릇하게 부쳐내 그릇에 담는다.

비지
묵은지전

2인분

주재료

묵은지 100g
청양고추 1개
홍고추 1개
비지 ½컵
감자녹말 3큰술
참치액 1작은술
맛술 1큰술
들기름 2큰술
식용유 2큰술

만들기

1 묵은지는 씻어서 물기를 꼭 짠 후 잘게 송송 썬다.

2 청양고추와 홍고추는 세로로 반을 갈라 씨가 있는 채로 잘게 송송 썬다.

3 볼에 비지와 감자녹말, 묵은지, 고추를 담고 참치액과 맛술을 넣어 반죽한다.

4 뜨겁게 달군 팬에 들기름과 식용유를 고루 두르고 ③의 비지묵은지 반죽을 한 국자씩 덜어놓는다. 반죽을 동그랗게 돌려서 앞뒤로 노릇하게 부쳐낸다.

묵말랭이오이무침

2인분

주재료	무침양념장
말린 묵 50g	다진 청양고추 2큰술
취청오이 ½개	간장 2½큰술
양파 ½개	맛술 1큰술
깨소금 1큰술	매실청 1큰술
	다진 파 1큰술
	다진 마늘 1작은술
	참기름 1큰술

만들기

1 말린 묵은 물에 담가 충분하게 불린 후 끓는 물에 살짝 데치고, 찬물에 헹궈 건진다.

2 취청오이는 세로로 반을 갈라 어슷하게 편 썬다. 양파는 곱게 채 썬다.

3 볼에 무침양념장 재료를 넣고 잘 섞는다. 양념장에 말린 묵과 취청오이, 양파를 넣어 버무린 뒤 깨소금으로 맛을 내 완성한다.

김치묵무침

주재료

2인분

배추김치 200g
묵(메밀묵, 올방개묵 등) ½모
양파 ¼개
쪽파 2대
당근 30g

매실청 1작은술
참기름 1큰술
깨소금 1큰술
소금 약간

만들기

1 배추김치는 국물만 짠 후 가로로 굵게 채 썬다.

2 묵은 사방 2㎝ 크기로 썬다.

3 양파는 굵게 다지고 쪽파는 송송 썬다. 당근은 3㎝ 길이로 곱게 채 썬다.

4 볼에 배추김치와 묵, 양파, 쪽파, 당근을 담고 매실청과 참기름, 깨소금, 소금으로 간을 해서 무쳐낸다.

미니파전

2인분

주재료

쪽파 20대   부침가루 ½컵
청양고추 2개   찹쌀가루 2큰술
달걀 2개   참치액 1작은술
오징어(몸통) 1마리   소금 약간

만들기

1 쪽파는 4㎝ 길이로 썬다. 청양고추는 송송 잘게 썬다.

2 달걀은 곱게 풀어 체에 한 번 내려 달걀옷을 만든다.

3 오징어는 몸통만 준비해서 4㎝ 길이로 채 썬다.

4 부침가루와 찹쌀가루에 물을 조금씩 넣어 걸쭉하게 반죽한다. 반죽에 쪽파와 오징어, 청양고추를 넣고 골고루 섞는다.

5 ④의 반죽에 참치액과 소금을 넣어 간을 맞춘다.

6 뜨겁게 달군 팬에 기름을 두르고 ⑤의 반죽을 두 숟가락 정도 덜어놓은 뒤 달걀옷을 조금 뿌려 앞뒤로 노릇하게 부쳐낸다.

닭발매운볶음

2인분

주재료	볶음양념장
닭발 15개	매운 청양고춧가루 2큰술
밀가루 2큰술	고추장 1큰술
굵은소금 1큰술	간장 2큰술
양파 ½개	청주 2큰술
대파 1대	맛술 2큰술
청양고추 1개	설탕 1큰술
홍고추 1개	매실청 1큰술
마늘 3쪽	
쌀뜨물 1컵	

만들기

1 닭발은 밀가루와 굵은소금으로 바락바락 주물러 씻어 불순물을 제거한다. 깨끗이 씻은 닭발은 물에 헹군 뒤 체에 밭쳐 물기를 뺀다.

2 ①의 닭발에 볶음양념장 재료를 모두 넣어 잘 버무린 뒤 잠시 재워 둔다.

3 양파는 굵게 채 썰고 대파는 3㎝ 길이로 썬다. 청양고추와 홍고추는 반으로 갈라 채 썰고 마늘은 편 썰기 한다.

4 팬에 기름을 두르고 양파와 대파, 마늘을 넣어 볶다가 ②의 닭발을 넣고 볶는다.

5 ④의 팬에 쌀뜨물을 붓고 센 불에서 끓인다. 물이 끓으면 청양고추와 홍고추를 넣고, 국물이 거의 없을 때까지 볶아서 완성한다.

국물어묵떡볶이

2인분

주재료	양념장
사각어묵 3장	고추장 3큰술
떡볶이 떡 200g	간장 2큰술
양파 ½개	참치액 1작은술
대파 1대	다진 마늘 1큰술
생수 4컵	설탕 2큰술
	물엿 1큰술

만들기

1 사각어묵은 삼각형 모양으로 자른다.

2 떡볶이 떡은 물에 담갔다가 헹궈서 건진다.

3 양파와 대파는 굵게 채 썬다.

4 냄비에 생수를 붓고 양념장 재료를 모두 넣어 끓인다. 양념장이 끓으면 양파와 사각어묵을 넣는다.

5 어묵 맛이 우러나면 떡볶이 떡과 대파를 넣고, 중간 불에서 저어가면서 끓인다.

6 떡볶이 떡의 속까지 맛이 배고 국물이 걸쭉한 상태로 농도가 맞춰지면 그릇에 담아낸다.

골뱅이조림

2인분

주재료

통조림 골뱅이 1캔
송송 썬 쪽파 2큰술
굵게 다진 홍고추 1큰술

조림장

간장 1큰술
맛술 3큰술
매실청 1큰술
참기름 1작은술

만들기

1 골뱅이는 통조림 통에서 꺼내 체에 받쳐 흐르는 물에 씻은 뒤 물
기를 뺀다.

2 냄비에 조림장 재료를 모두 넣어 끓인다. 조림장이 끓어오르면
골뱅이를 넣고 약한 불에서 은근하게 조린다.

3 ②의 냄비에 송송 썬 쪽파와 굵게 다진 홍고추를 넣고 버무려 그
릇에 담아낸다.

순대전

2인분

주재료

순대(30cm) 1줄
달걀 2개
찹쌀가루 2큰술
소금 약간

만들기

1 순대는 어슷하게 0.8㎝ 두께로 썬다.

2 달걀을 곱게 풀어 체에 한 번 내린 뒤 찹쌀가루를 풀고 소금으로
간을 한다.

3 ②의 반죽에 순대를 푹 담가 옷을 입힌 후 팬에서 노릇하게 부쳐
낸다.

한잔

289

참외피클

2인분

주재료	피클물
참외 3개	생수 2½컵
샐러리 2줄기	식초 ½컵
청양고추 2개	설탕 ⅓컵
홍고추 1개	소금 2큰술
소금 약간	피클링스파이스 1작은술

만들기

1 참외는 소금으로 껍질을 문질러 씻어 잔류농약을 제거한다. 씻은 참외는 껍질째 세로로 반을 가르고 씨를 긁어낸 다음, 2㎝ 폭으로 썰고 반으로 자른다.

2 샐러리는 껍질끈을 벗기고 2㎝ 폭으로 어슷하게 썬다.

3 청양고추와 홍고추는 송송 썬다.

4 냄비에 생수를 붓고 끓인다. 물이 끓으면 설탕과 소금을 넣어 녹인다. 설탕과 소금이 모두 녹으면 불에서 냄비를 내려 식초를 타고 피클링스파이스를 넣은 뒤 한 김 식혀 피클물을 만든다.

5 열탕 소독한 병에 참외와 샐러리, 고추를 모두 넣고 피클물을 부은 후 밀폐한다. 참외피클은 냉장고에서 1일 정도 숙성시킨다.

방울토마토
바질절임

2인분

주재료

방울토마토 16개
올리브 5개
생바질 3잎
올리브오일 3큰술
화이트발사믹비네거 1큰술
슬라이스 레몬 2쪽
소금 약간
붉은 통후추 약간

만들기

1 방울토마토는 꼭지를 떼어 준비한나. 큰 것은 2등분 한다.

2 올리브는 반을 가른다.

3 생바실은 곱게 채 썬다.

4 볼에 방울토마토와 올리브, 생바질을 넣고 올리브오일과 화이트
   발사믹비네거, 슬라이스 레몬, 소금, 붉은 통후추를 넣어 버무린
   다. 1시간 정도 냉장고에 재우면 완성이다.

한잔

치즈비스킷

2인분

주재료

무염비스킷 20개
크림치즈 ½컵
무가당 요거트 ¼컵
마요네즈 2큰술
홀그레인머스터드 1큰술
파슬리가루 약간

만들기

1 무염비스킷을 준비한다.

2 크림치즈를 볼에 담고 무가당 요거트와 마요네즈, 홀그레인머스
터드를 넣고 잘 섞어 치즈스프레드를 만든다.

3 비스킷에 ②의 치즈스프레드를 고루 바르고 파슬리가루를 뿌려
완성한다.

올리브
오일 뿌린
두부

2인분

주재료

두부 1모
허브소금 약간
올리브오일 4큰술
이탈리안 파슬리 약간

만들기

1 두부는 사방 3㎝ 크기로 썰어 끓는 물에 데친 뒤 찬물에 헹구고,
물기를 뺀다.

2 접시에 두부를 올리고 허브소금을 솔솔 뿌린다.

3 ②의 접시에 올리브오일을 두르고 이탈리안 파슬리를 올려 낸다.

다진 베이컨 뿌린 완숙달걀

2인분

주재료

베이컨 3줄
달걀 4개
소금 약간
식초 약간
송송 썬 쪽파 3큰술

만들기

1 베이컨은 잘게 다진 후 뜨거운 팬에 볶아낸다.

2 냄비에 물을 넉넉하게 붓고 달걀을 넣은 후 소금과 식초를 넣어 14분 정도 삶아 완숙으로 익힌다. 삶은 달걀은 찬물에 헹궈 껍질을 벗긴다.

3 접시에 달걀을 2등분 해서 담고 베이컨과 송송 썬 쪽파를 뿌려 완성한다.

아스파라거스
구이

2인분

주재료

아스파라거스 8줄
허브가루(말린 바질 등) 약간
소금 약간
굵게 빻은 통후추 약간
올리브오일 3큰술

만들기

1 아스파라거스를 다듬어 씻은 뒤 물기를 뺀다.

2 뜨겁게 달군 팬에 아스파라거스를 넣고 올리브오일을 뿌려 볶는다.

3 ②의 팬에 허브가루와 소금, 굵게 빻은 통후추를 넣어 재빨리 볶아내 그릇에 담는다.

Thanks for···

KBS 1TV 무엇이든 물어보세요, KBS 2TV 여유만만 식품도감,

MBC 기분 좋은 날, TV조선 만물상 등

다양한 방송 프로그램을 통해 제 음식을 선보이고 있는데요.

방송에서 제 음식 맛을 본 분들, 방송을 보고 제 음식을 따라해 본 분들마다

하나같이 '맛있다'고 칭찬해주시니 그저 감사할 따름입니다.

이번 도서 출간을 빌어 감사의 마음을 전합니다.

손쉽게
뚝딱

이보은의
한끼

스 텝 | 조영임, 이선인, 손정연, 전지애, 최유정
협 찬 | 화소반(www.hsoban.com)
　　　　　나무목 2900(blog.naver.com/chadori30)